為什麼我很努力，卻沒被看見？

30 堂國際溝通課，打造你的職場能見力

浦孟涵 Shannon Pu——著

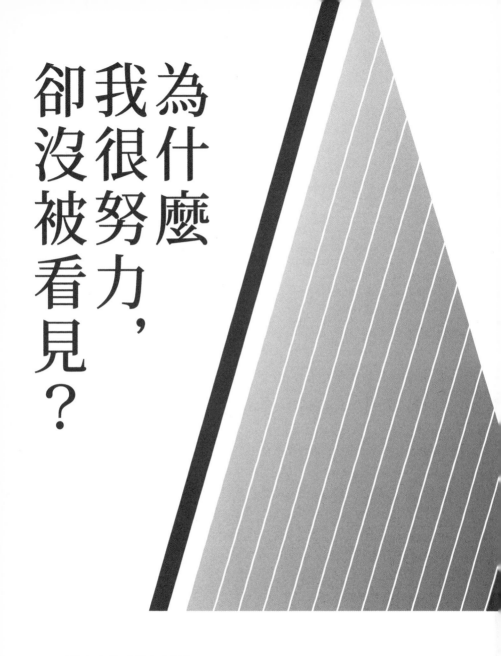

感恩這些年在人生和職場的所有相遇和宇宙間的正能量，讓我「看見」溝通的關鍵影響力，也一直努力學習著「被看見」。

祝福每個人都能在這本書裡，找到溝通的力量、有感的溝通風格、魅力和技巧，成為更有「能見力」的自己。

目錄

第二章 那些年，我從各地國際人才身上學到的事

第三章　想站穩國際職場，讓這些細節成為你的力量

第四章　從管理者到領導者，要有改變的勇氣

推薦序

認識Shannon是好幾年前，我們一起在酷青寫專欄的時候。後來再次聊起，是她寫了一本《CAN DO工作學》，因為內容實在太棒了，所以我還在自己的粉專做了簡報推薦。而看到這本《為什麼我很努力，卻沒被看見？》時，我又眼睛為之一亮。如果上一本是修練工作方法，那麼這本書就是修練自己。

我是一個溝通表達的培訓師，我常在上課的時候說，溝通的三個步驟是理解自己、理解他人、理解世界。而當我看到Shannon這本書時，我更加確信自己的思路是沒錯的。

在「理解自己」方面，我特別喜歡她說的「做A版的自己」。因為在課程中，常常遇到很多人不喜歡自己，總想著變成別人。例如一個相對內向的人，想要學習別人的強勢，希望說出口的話能夠強硬又有影響力。但這件事情不僅困難，還可能打擊到我們的自信心，使我不禁開始思考，自己是不是一個不會溝通的人？

其實，每個人都有自己的溝通方式，有些人擅長講數據，有些人會講重點，有些人會講故事，關鍵在於該怎麼找到自己的方式。除了找到適合自己的方式外，這本書中也提到了很多重要的溝通法則。例如真誠、傾聽、求助、主動、明確等等。

你一定會說，這些道理我都懂啊。沒錯，面對道理的時候，我們往往會遇到兩個問題。一個是道理不夠深刻，一個則是知道後不知道該怎麼做，但讀這本書完全不用擔心，因為Shannon長年且強大的實務經驗，使她擁有許多好故事能夠分享。深刻的是從故事中提煉出的觀察和經驗，行動方案更是她多年在公關與國際職場的「眉眉角角」，讓你學會後就能馬上應用自如。

舉個例子來說，當對方和我們說了一些建議，或是需要改正的地方時，我們很習慣地說出不好意思或是抱歉。如果用這個方式回應，就像是把自己往內縮，甚至會讓我們因此習慣用道歉來迴避問題。但若是我們換個方式，用謝謝取代抱歉，並且把後面的解釋轉換成修正或行動方案，不但能讓對方放心，更能夠不斷修正自己，也將在這樣不斷變強的過程中，培養起自信心。

這本書也是Shannon的人生精華。Shannon除了一次次化解許多困難和關卡，更是有意識地認識不同人脈，從每個職人中聊出寶貴的觀念。也正是因為這樣，即便我還沒有工作二十年，也不懂公關，更不是國際人才，但在這本書中，我還是能夠理解每個章節的概念和溝通點，也能從每一章節的整理在思考出許多自己的方向，讓我自己未來在教授「溝通」這件事情時，有更多的養分能夠輸出。

希望能夠以溝通表達培訓師的立場，推薦給大家這本深刻又實用的職場參考書。這本書不只是讓你學溝通，更能讓你在職場中脫穎而出！

——張忘形／溝通表達培訓師

相信你一定不會否認「有實力，要有溝通力」，尤其在這個人際互動越來越複雜的線上世界與線下世界。浦孟涵讓你用不同角度看待和不同國家工作者的溝通模式，相信你很快會被老闆看見；被大家看見；被世界看見。

——王介安／GAS口語魅力培訓®創辦人、銘傳大學傳播學院助理教授

同為跨國工作者和職場媽媽，我完全不知道Shannon這麼多的能量從哪裡來。當我雙眼迷濛掙扎著在寒冷的清晨開會時，她卻可以連吃個早餐都能在餐巾紙上寫下充滿智慧的話語。書中跨文化的分享更是精闢到位，能在書頁間就得到如此豐富的經歷和學習，身為讀者真是太幸運了。

——張瀞仁／美國非營利組織Give2Asia亞太經理

前言／你很努力，但有人看見嗎？

「你被看見了嗎？」如果要我自問自答，閉上眼回顧自己的成長史，應該會飛入「明明在團隊中付出最多，卻因為不善表達而被晾在一邊」、「不太敢在會議上發言，存在感超低」或是「工作量爆表卻沒被看見」……這類「躲在一邊觀察別人」、「想融入團體卻不知道要怎麼開始」、「努力付出卻毫無能見度」的畫面，相信這也是許多台灣或東方人在國內外職場都經常面對的窘境。

我是一個不折不扣的「台妹」，在國中前沒有接觸過中文以外的語言，高中第一次出國，直到赴美念傳播研究所以前，我的教育都在台灣完成……相信很多人的成長歷程都比我國際化許多，但幸運的是，這個不知天高地厚，搞不清楚狀況就把自己丟到異鄉，和一群英文母語人士一起念公關的人，在強大的文化衝擊下，學會讓自己在優秀的人群中被看見；學成歸國後，在不同的跨國公司磨練出良好的溝通能力，一次次化險為夷；離開家鄉，到上海和世界各地的國際菁英們合作、過招，自己或所代表的品牌及團隊也陸續在不同的場合獲得肯定；這幾年回到台灣創業，則是和團隊一起從無到有創建一個品牌，並且讓這個品牌立足台灣，幫助世界各地的企業說故事、塑造有意義的對話……

在一次次還沒準備好就自己走進或被逼著上戰場的過程中，我慢慢地蛻變，從過去缺乏自信、過度重視別人眼光的小女孩，逐漸成長為今日這個超愛聊天，擅長在溝通中找出機會點的創業者，也有了許多觀察與體悟：

1. 學會「被看見」，才能在職場上站得穩

「出道」二十多年來，有幸認識許多優秀的台灣職人，他們的專業技能、語言能力和人際關係都相當出色，胸懷大志卻老是和區域或全球主管的位子擦肩而過。為了找出這個現象背後的原因，不管是出差、開會或朋友聚餐，我逮到機會就「採訪」擔任亞太區或全球主管的朋友，請他們談談對於台灣或其他華文市場人才的觀

察和建議，以及他們認為，一個人如果有志於走出自己的「原生」市場，掌管區域性或全球性業務，需要具備什麼樣的條件？我的結論是：「透過溝通讓自己被看見」的能力非常重要，想坐上更有影響力的位子，一定得在提升專業的同時，建立自己的品牌形象、打造溝通風格、不斷增進溝通技巧；我將上述能力歸納為——「能見力」，並認為它是每一位在職場求生存和發展的專業人士們的必修課。

2. 溝通是一項可以藉由學習和練習不斷精進的修練

想成為一位國際級的職人，在國際職場發光發亮，需要具備鮮明的個人品牌形象、適合自己的溝通風格以及適切的溝通習慣，而這些都能透過不斷地學習、練習和檢討而精益求精。

在書中，我分享了許多親身或身邊朋友的經歷，看完這些故事，你會發現，想在多元的國際職場站穩腳步，不需要在國外出生或長大、不需要天生個性很活潑、不需要名校畢業、不需要有高顏值……但一定要擁有強烈的企圖心、觀察力和對自己的充分了解。

3. 打造能見力的第一步是了解自己、和自己溝通

相較於市面上許多聚焦在溝通技巧的書，我的信仰是，不管想做什麼，了解自己、和自己充分溝通永遠是第一優先。因為，只有清楚了解自己的強項及限制、好惡和目標，才能一步一步打造獨一無二的個人品牌和溝通風格。

因此，這本書的四個部分，依序分別是「邁向國際職場前，先了解自己、建構條件」、「那些年，我從各地國際人才身上學到的事」、「想站穩國際職場，讓這些細節成為你的力量」以及「從管理者到領導者，要有改變的勇氣」，希望能一步步和讀者們分享「讓自己被看見」的方法。

這是一本幫助你打造「能見力」、在職場上被看見的書。書名《為什麼我很努力，卻沒被看見？》，相信也是無數職人心中的潛台詞，希望藉由分享國內外職場多年的觀察以及對於「如何靠溝通打造能見力」的一點心得，幫助每一位專業人士，在不同的領域站穩腳步、發光發亮。

4. 是否能進入國際職場，重點不在於工作的地點，而是心的高度

「國際職場」並不一定要坐很久的飛機才到得了，許多人雖然辦公室在台灣，卻需要經常當空中飛人、到處開會、和世界各國的同事電話會議，或是經常使用電子郵件、通訊軟體或電話，和世界各地的職人聯繫……所謂的國際職場，對我來說就是有機會和來自多元文化的職人溝通、創造共贏的平台。一個人是否能在國際職場工作，重點不在於工作的地點，而在於心的高度。相信只要有心，多數職人都能在目前的工作中練就一身國際級的溝通真功夫。

Shannon Pu

二〇一九年十月十四日

第一章

邁向國際職場前，先了解自己、建構條件

1／在溝通路上，做一個A版的自己——有效溝通的第一步是了解自己，找一個讓自己舒服的溝通方式

「針對剛才的課程，您還有什麼問題或看法嗎？」在結束一整天的發言人訓練前，我習慣性地問了今天的「學生」——某全球知名科技公司台灣區總經理Stanley。

發言人訓練是多數大型企業主管在剛被派任發言人角色時的「必修學分」，而在一整天的課程中，我和公司的資深顧問群，針對總經理未來可能會接觸的對象特性、發言和回答問題的技巧，做了許多分享和練習，而Stanley也漸漸掌握發言的方向和大原則，我很有信心，只要多多練習，他應該很快就能成為稱職的發言人。

面對我的問題，Stanley沒想太久就提出了他的疑惑：「今天學到很多實用的技

巧，剛才那幾回模擬練習也很有幫助，但我想知道怎樣成為『更好』的發言人？」

Stanley真正想問的其實是：「要怎麼像前任發言人Robert一樣，能夠輕鬆地在不同對象前談笑用兵，成為記者朋友們爭相約訪的媒體寵兒？」

我之所以能夠秒懂Stanley的潛台詞，是因為「要怎麼做才能像○○○一樣好？」是我們主導溝通訓練時經常被問到的問題，而不管○○○的名字放的是前任總經理、賈伯斯（Steve Jobs）、蜜雪兒・歐巴馬（Michelle Obama），還是任何古今中外的知名演說家，答案都只有一個——**勉強模仿、複製別人的形象，再怎麼努力頂多只能成為B版的別人；了解自己、發展屬於自己的溝通風格，做A版的自己，才是更有效又自在的溝通策略**。

無獨有偶的，在寫專欄的過程中，經常有身處國際職場或有志於往這方面發展的朋友們問到：「除了在專業上不斷精進外，該如何強化自己的風格，用溝通力讓自己在競爭激烈的國際職場被看見？」而我的答案依舊：了解自己，打造適合自己的溝通風格，是造就我們在國際職場發光發亮的第一步。在這邊分享幾個方法：

了解自己在溝通上的強項和弱項

了解自己在溝通上的優缺點，除了靠有意識的自我覺察、尋求其他人的觀點或專家的協助之外，市面上有許多現成的心理分析工具能幫助我們了解自己的溝通風格，例如透過DISC人格分析洞察自己的特質偏向支配（老虎）、影響（孔雀）、穩定（無尾熊）還是謹慎（貓頭鷹），找出自己在哪些溝通方式上比較得心應手，哪些卻屢屢卡關。

例如，有著深厚技術底子、人格特質偏向謹慎的Stanley講求有幾分證據說幾分話，在演講或說服別人時，只要有調查報告、全球市占率、產品銷售排名這類強而有力的數字，就顯得氣場十足；如果硬要模仿影響型的前任總經理，不但沒有辦法展現最大的效果及魅力，自己也會倍感壓力，反而不自在。

識別會讓自己感受到壓力的溝通情境

如果你面對小型團體時，能展現強大的說服力，一旦在眾人面前演講，就緊張得頭皮發麻，對你而言，最好的溝通策略是多安排小型的溝通，精進面對面溝通的能力，而不是把心力放在改善自己的公眾演說技巧上；而深具同理心和說服力的人，面對爭議時最好能在第一時間和對方當面溝通、取得共識，而不是訴諸email或通訊軟體，讓問題變得更複雜。

相反的，思慮周密、擅長用文字溝通的人，或許先發封email，條理分明地釐清現況並提出建議的解決方案，最能有效解決問題，同時贏得「這個人頭腦真清楚」的正面形象。

搞清楚自己擅長的溝通情境並強化相關的溝通技巧，要比勉強苦練自己不擅長的溝通方式有效率和舒服許多。

找出扭轉情緒的關鍵思維

了解自己在溝通上的優缺點，是為了放大優點並有效地控制弱點，趨吉避凶。在面對自己較不擅長的溝通情境，人難免會產生負面情緒，進而影響溝通的成效。要怎麼不讓這些情緒成為溝通的絆腳石？你需要扭轉自己的心態，正面積極地面對自己所害怕的情境。

例如，公開演講或面對陌生的社交場合很容易緊張的人，可以試著對自己說：「待會能接觸到許多新事物，真興奮」；面對帶著滿肚子疑惑和負能量來求助的下屬，與其在心裡碎念「我真倒楣」，不如拿出熱情，告訴自己：「謝謝他信任我，願意和我分享人生故事」。

當你即將拜訪自己不熟悉的客戶，不妨拿出挖掘新事物的好奇心，這樣一來，便能把自己的注意力從緊張不安的情緒，轉移成尋找新機會的興奮感。

溝通情境	**負面情緒**	**扭轉情緒的關鍵思維**
即將面對一大群陌生人演講或社交。	我好緊張。	我好興奮。
已經很忙，下屬偏偏要在這個時候來抱怨自己的工作或人生。	有夠煩。	謝謝對方的信任（感恩），我也想聽聽他在想什麼。（對於人的熱情）

溝通情境	負面情緒	扭轉情緒的關鍵思維
拜訪新客戶。	萬一……怎麼辦？（焦慮不安）	這家公司的成功祕訣是什麼？我們有機會在哪些方面合作？（好奇、想像力）
和合作部門為了爭取資源產生衝突。	超火大，這也太不公平了！（不滿）	要怎麼克服這個難關，得到資源和長官的支持？有沒有其他創新的辦法？（冒險精神、征服困難的成就感）
被主管誤解。	實在很難過……	還好主管當面和我討論這個問題，才有機會釐清真相。（慶幸）

以上的表格中，我舉出了一些實際應用的例子，希望幫助大家在面對溝通逆境時，運用關鍵思維，一秒轉念。每個人都是不一樣的個體，找出不擅長的溝通情境並多加練習，讓自己快速復原、立刻回到溝通戰場，絕對是想在國際舞台發光發亮的職人們必備的條件。

關鍵思維

與其勉強模仿、複製別人的形象，成為B版的別人，不如積極了解自己、發展合適的溝通風格，做獨一無二、A版的自己，並且勇於面對不擅長的溝通情境，才能有效提升你的溝通技巧。

2／你的溝通「死穴」是什麼？從原生家庭和成長歷程，找出和自己對話的解方

多年前某個以討論企劃案為主題的電話會議裡，客戶用極度不耐煩的語氣說：「這次的紀念品建議很不OK，完全沒聽過這個設計師！」

S：「關於這次搭配限量機種的紀念品，我們建議和本土的年輕設計師合作，一方面符合目前的趨勢，另一方面，也藉著這個機會強調國際品牌深耕本土的承諾。」

客戶：「妳到底知不知道自己在說什麼？再怎麼樣我們也是國際知名的大品牌，當然要和『門當戶對』的知名人物合作，這樣的建議真的很沒有sense！」沉默了幾秒鐘，不確定自己該怎麼接話的S只好回答：「好的，謝謝您！我們討論一

下，再提出其他的提案。」硬生生把原本準備好要用來說服客戶的研究數據、設計師風評等資料吞回肚子裡……

你可能很難相信，這位S就是當年的我。雖然因為幸運加努力，年紀輕輕就當上小主管，但「跟強勢的人有效溝通」或「如何面對衝突情境」一直是我當時的死穴。那時擔任公司幾個主要客戶窗口的我，面對強勢的溝通對象，不管拿起話筒前做了多少心理建設和資料準備，只要對方說話稍微大聲、咄咄逼人，或者稍顯不耐，我就容易節節敗退，明明於情於理都站得住腳，卻只敢放低姿態地跟客戶說：「再討論看看。」

這樣的瓶頸曾經為我帶來很大的壓力，也成了在公司繼續晉升的絆腳石，讓我吃足苦頭，許多人都有類似或不一樣的死穴，並形成難以克服的溝通甚至工作障礙，因此我想在這裡簡單分享一下，自己是怎麼突破這個溝通死穴，以及一路走來的體悟。

突破溝通死穴第一步：
回溯成長經驗，找出自己「怕什麼」和「為什麼怕」

首先，面對自己的溝通死穴，最徹底的解決方式就是誠實面對自己，仔細思考「什麼樣的對象或情境會讓我害怕或無法好好溝通」，以及「為什麼會有這樣的害怕，這和我的原生家庭或成長環境有什麼關係？」

以我自己為例，我不擅長應付「強勢的人」，是因為在成長的過程中，身邊有許多氣勢很強的人。身為獨生女和家族長孫的我，很受長輩的重視，父親對我的疼愛和關注是大家有目共睹的，但每當我的表現不如預期，或是我們對事情有不同的看法時，聲如洪鐘、走路有風的老爸，經常會拿出強大的氣場來「說服」我；在傳統升學制度中長大的我，從來不是什麼乖巧又會讀書的好學生，偏偏遇到的都是很強勢又有威嚴的明星教師，雖然能感受到師長的關心，但頑皮又愛頂嘴的我，棍子和罵從沒少挨，久而久之，就形成了「遇見強勢的人，不管對方有沒有道理，最好都先安靜別講話」、「遇到衝突的場合，先保持沉默才安全」這樣的「人生智慧」。

突破溝通死穴第二步：

和自己的內在小孩對話，搞清楚自己真正需要的是什麼

帶著這樣的人生體悟，我完成了海內外的求學，進入職場。依然很習慣一碰到衝突的場景或強勢的人，就先假裝乖巧地閉上嘴、避風頭。但有了這樣的自覺後，我學會冷靜分析目前的情勢，然後試著和自己的內在小孩對話，在一來一回的對談中，我們達成了重要的共識——現在的狀況已經和當年不同了。

第一、我已經長大，不是當年那個必須安靜裝乖的小孩。

第二、在職場上的同事、合作單位或客戶和我的關係是平等互惠的，而不是長輩和老師們這種上對下的關係，因此，遇到意見不一致時，認真相互討論，才是負責任的態度。

第三、在職場上，我需要贏得同事、客戶、其他工作夥伴的尊重，而不是喜愛。而有自己的觀點，能夠用強大的溝通力影響別人，是獲得尊重的首要條件之一。

第四、這個世界在進步，一九八〇年代的台灣所認可的乖乖牌，在今天的國際職場未必吃得開，**國際職場需要的不是有話不說的 yes man 或 yes lady，而是即便在高度衝突的環境，面對強勢或和自己立場不同的對象，也能夠善用溝通，追求共贏的人。**

在多次深度的自我對話後，我們的結論是——當年的小孩，早就應該長大，當年的「人生智慧」，早已落伍，應該取而代之的是，**遇強則強的氣場、面對衝突的柔軟度和彈性、積極溝通的企圖心以及不卑不亢的態度。**

突破溝通死穴第三步：刻意練習，以毒攻毒，逼自己「出來面對」

所謂知易行難，透過密集的自我對話，搞清楚問題的癥結以及自己真正的需求後，下一步就是透過刻意練習，來克服自己的瓶頸，因此接下來我又花了好多年的時間來逼自己面對強勢的溝通對象和情境。遇到說話越來越大聲的客戶，明明很想敷衍兩句逃跑，把事情賴給主管，卻硬逼著自己接著說下去。這感覺當然很不好受，剛開始甚至會激怒權威型的溝通對象，但久而久之，我在溝通技巧上越來越懂得拿捏、說話內容越來越自信，也贏得了真正的尊重。

我的好友兼工作夥伴Tiffany也有一樣的經驗，生來氣場強大的她，一向討厭拖泥帶水、見樹不見林、說話沒重點的溝通對象，過去只要碰到這樣的情形，就邊翻白眼邊寫email，盡量避免跟對方直接溝通，或是乾脆把自己討厭的人或事晾在一邊，完全不溝通，但也因為這樣，痛失了幾個潛在的業務開發機會。某次搞砸一個大案子後，她痛定思痛，規定自己以後不管碰到再怎麼瑣碎的狀況、多麼重視細節的人，都要拿出最大的熱情來正面溝通。

同樣是花了好幾年時間終於克服自己溝通死穴的Tiffany和我有著一樣的人生體悟，那就是——**一段人生經歷或是工作任務，都是幫助我們成長的最佳安排。只有適度地「勉強」自己，正面迎向挑戰，多做自己害怕、討厭或不擅長的事，才算是真正完成一個階段的功課，得以晉級為更成熟的職人；反之，如果碰到了自己害怕的溝通對象或情境，只是一味逃避，那麼它們不但無法轉化為成長的養分，反而會在生命中不斷出現，成為在不同的人生階段中阻擋自己繼續前進的心魔。**

關鍵思維

面對讓自己害怕或討厭的溝通對象或情境，應該和內在的自己對話，找出原因，以毒攻毒。

3／在孤獨中遇見更好的自己

不管是在台北或上海、在國際型的公關公司或是外商公司的公關部門工作，二十多年來，我的職場人生總是分秒必爭地快轉著，然而，每當午休時間，同事們呼朋引伴討論要去吃什麼，我總習慣找個安靜的位子一個人翻翻雜誌或出去走走、漫無目的地逛逛；下班後，除非有事先約好的聚會或飯局，我大多會從事能夠一個人邊做邊和自己對話的活動，像是運動或閱讀。

孤獨是國際職人必備的素養

爭取獨處的空間，是為了讓平常忙碌的大腦暫時關機，我原本以為這樣的偏好是源自好靜的天性，後來經常出差和來自世界各地的國際職人們共事時，才發現獨來獨往，甚至刻意保持一點孤獨感，是許多國際人才們的共通點。

我的好友兼前老闆Erin在外商科技公司擔任全球行銷長，經常需要飛到各個市場出差，日理萬機的她，再怎麼忙都會努力為自己創造獨處的時間，例如每天提早兩小時起床晨跑或靜坐。而我認識的許多資深國際職人甚至會每隔一陣子就安排一個「孤獨週」，把自己從日常工作和家庭生活中抽離出來，做一些平常不會做的事，和內在的自己共度一段美好時光。

保持適度的孤獨感才能遠離噪音、鍛鍊知覺，專注於當下

和來自不同國家的資深職人有進一步互動後，我發現，越是需要跟許多人溝通、處理各種狀況的主管，越會堅持適度地保持孤獨感。除了維持領導者的超然性，更是為了讓直覺保有一定的空間。許多研究顯示，在面對艱難、重大的決策時，再怎麼詳盡的研究、完善的分析，都不過是決策的參考，越是關鍵的決定，越要仰賴領導者的直覺，而成功的領導者和有經驗的管理者之間最大的分水嶺，也在於面對

關鍵時刻，領導者往往有更強大的直覺。

而在安靜放空的狀態下，隔離別人的情緒或感受、「可能會怎麼樣」的臆測、對未知的恐懼等噪音，往往能讓自己更專注、更精準地面對當下的挑戰。

在孤獨裡讓自己成為更好的溝通者

美國賓州大學華頓商學院、哈佛大學商學院、北卡羅來納大學教堂山分校的一項研究指出，能夠享受孤獨狀態的人，比較有機會成為優秀的「領導者」，因為他們很懂得傾聽。

我相信，這裡所指的傾聽，除了傾聽別人以外，還有傾聽自己的聲音。我有一個多年來的習慣——每週固定擠出一段時間，把自己關在個人辦公室裡，不想太多，只是埋頭不停地書寫，讓文字和思緒盡情流瀉。每當回頭閱讀自己所寫的東西，總能在上面看到自己的回溯和反省。

美劇《無照律師》（*Suits*）裡主角之一路易斯．利特（Louis Litt），喜歡錄下自己的心情和思緒，自我對話，然後在夜深人靜時一一回放、檢視，而我書寫的習慣和路易斯的行為有著異曲同工之妙。

運動、寫作、靜坐、錄下內心的獨白……讓自己靜下心的方法百百種，沒有絕對的好與壞，但可以確定的是，只有在獨處時才能誠實面對自己、想想做對了什麼事、說錯了什麼話、怎麼溝通才能讓自己和別人更自在，進而成為一個更優秀的人。

懂得享受孤獨，有助於培養洞察力和創見

亞馬遜公司創始人兼CEO貝佐斯（Jeff Bezos）和比爾・蓋茲（Bill Gates）都公開表示過自己很愛洗碗，許多研究顯示，當一個人做著像洗碗這類日常的基本工作時，大腦才能真正放鬆，產生「靈感」。

懂得刻意為自己製造孤獨情境的人，除了能深切地反省，更能藉著和自己的對話，跳脫模仿別人的窠臼，養成獨立思考的習慣，幫助自己提出別人想不出來的創新思路或一眼就看出問題的核心關鍵。

這樣的能耐，絕對是想要在國際職場活得久、活得好所必備的強大武器。

關鍵思維

在職場中刻意保持「孤獨」，是國際職人必備的素養。經常和自己對話，有助於鍛鍊直覺，養成洞察力和創見，增加你在國際職場的優勢。

4／不論員工或主管，在職場上都應該適度做自己

「你做出來的這是什麼垃圾？」、「你把我的公司搞砸了！」、「萬一出了狀況，都是因為你！」你可以想像被主管像那樣指著鼻子大罵的感覺嗎？還是你和我一樣很慶幸自己周圍的人比上面那位「暴君」主管溫和許多？但接下來的事實或許會更讓你訝異，這位「暴君」帶領著一家曾經瀕臨危機的公司一次次開創新局面、站上巔峰。

相信你應該猜出來了，這家公司就是大家耳熟能詳的蘋果，而這位一天到晚暴怒，甚至用尖酸刻薄的態度對待員工的「暴君」，就是傳奇人物、蘋果創辦人賈伯斯。

賈伯斯的領導風格可能會讓不少管理學大師搖頭不已，但他卻能帶領蘋果電腦一次次超越巔峰，並且培養出無數的優秀人才，背後的原因，在業界和學界都激發

許多不同的解讀和討論，我則認為這和他坦率地**做自己**有關。

領導學專家邁可・羅賓斯（Mike Robbins）在二〇一八年出版了一本管理書《把完整的自我帶進工作》（*Bring Your Whole Self to Work*，暫譯）引起了學術和社會各界正反兩派的討論，支持者認為把真實的自我展現在職場中，能換來職場夥伴們的認同和信任，反對者則認為這樣的論調似乎是在告訴每一位職人，可以很任性地在職場上做自己，不用考慮結果，也不需要負什麼責任。

從在「國際職場」發展的角度來看，我認為不論是資深的管理者或年輕的職人，如果能適度地在職場上展現真我，對於工作和溝通都能事半功倍。

不繞圈子，真誠表達觀點更有效率

「我不覺得這個方案有助於建立品牌的領導形象，因為這件事大家都在做，是個很平庸的提案。」（I don't think this proposal will help at all in terms of enhancing the company's thought leadership as it's more like a me-too approach without personality.）在提案討論上，Debbie 一針見血地推翻大家不眠不休許久的

成果，好似看不見大家臉上沮喪的表情，她接著說：「老實說，這個點子很匠氣，完全沒辦法展現客戶產品的獨特性，如果我是客戶，會非常失望……」

事實上，這位說話很大聲的Debbie小姐，並不是這次提案小組的成員，而是我們特別請來參與提案討論的同事，除了她的經驗和策略思考的能力外，經常有不同團隊、不同市場同事，爭相邀請Debbie針對工作成果提供回饋，更是因為她「很敢講」，她的真性情幫助團隊在提交不夠完美的成果給客戶前，能及時自我檢討、改善，讓團隊拿出更好的成績。

相反的，我曾經碰過滿臉笑容，提出什麼意見都點頭稱是的合作對象，一開始很高興第一次提案就抓對方向，但幾次來來回回溝通下來，發現整個專案一直原地踏步，當我們透過其他管道終於摸清對方的心聲時，才搞清楚原來客戶明明不贊成主要策略的方向，卻礙於情面，不好意思有話直說，等我們明白狀況，已經失去了大把時間，和創造亮眼表現的機會。

在每件事都十萬火急、茲事體大，經常需要跨部門、跨公司甚至跨市場合作的國際職場裡，或許「直接」就是最好的溝通策略，越是沒有犯錯空間的事，越是需要知道「即使這樣說可能會有點小尷尬」，或是「這麼做可能有人會不開心」也可以堅持**說真話**的人。因為他知道沒有什麼事比**真誠**反應自己的觀點對長遠的大局更有貢獻。

適度打開自己，讓職場和生活更合拍

「這次的活動就讓 Serena 和設計師一起搞定現場的呈現風格、Ethan 負責網紅和藝人的聯繫、整體的流程規畫和預算控制就拜託 Tiffany 了！」做完專案的分工，大家心滿意足地走出會議室，因為每個人被賦予的責任都很符合本身的興趣，例如 Serena 喜歡攝影和設計、假日愛泡在各種有趣的展覽裡；Ethan 不但是網路原生動物，對於許多網路名人的風格、興趣、適合代言的項目都能提出精闢的分析；而老把「魔鬼就在細節裡」掛在嘴邊的 Tiffany 就更不用說了，超級細節控的她是家中的財務長，能夠把錢用在刀口上，把生活瑣事管理得有條不紊。

你可能會覺得：「這個主管也太厲害，做出這種皆大歡喜的分工，讓大家『笑著走進火坑』。」我卻認為這歸功於大家平常沒有在職場和生活間築起高牆，因此當主管在分工時，能很自然地把工作分配給能力和意願都最高的人。

走出公關領域，我的朋友Chris白天在一絲不茍的金融業工作，下班後則投身於時尚名品的研究。一有機會就飛到紐約、倫敦或米蘭來趟時尚之旅的他，從不吝惜分享旅行的見聞，也常常免費擔任同事的時尚顧問，所以當有和時尚業相關的案子，公司總會想到他，而幾年前他決定發展斜槓，做起時尚代購，也迅速得到大家的支持，因為他在這方面的權威形象，早在出國旅行的貼文分享、午休時間的閒聊、下班免費陪逛中一點一滴累積起來了。

不管是Chris或是前述的例子，他們都做了一件事——在職場裡適度展現自己的私領域，給別人了解自己的機會，這不但能讓職場上的溝通更順利，也為工作帶來了更多可能。

主管也是有血有肉的人，而不是沒有喜怒哀樂的「完人」

有許多人認為即便碰到嚴重的事情，主管也應該努力控制自己的情緒，理性地就事論事，小心翼翼不讓理智線斷掉。

我同意一位好的管理者首先應該管理好自己的情緒，但同時也認為領導人不需要做沒有喜怒哀樂的「完人」，適度展現情緒讓職場上一起打拚的夥伴們及時感受到旗開得勝的喜悅、錯失良機的沮喪、和競爭對手一拚高下的緊張、犯錯的憤怒與懊惱、目標近在眼前的熱血……多數時候反而能夠激發團隊的向心力，讓大家朝同樣的目標前進。

另一方面，或許諸多主管會選擇和下屬保持距離，把自己的私生活和公領域分開，但過去二十多年來，我觀察到在國際職場上相當成功的領導者，他們的共通點是能夠很好地將私領域和職場生活結合，像是邀請工作夥伴到家裡吃飯、在工作以外的場合建立關係、舉辦活動、建立和同事在公事以外的定期互動平台、經常進行簡單而真誠的交談等，透過這些方法展現不同面向的自己，並換取工作夥伴的信任與支持。

和有個性的人共事很過癮

在職場上展現真我，有助於個人品牌的建立。電影《穿著Prada的惡魔》（*The Devil Wears Prada*）中的時尚總編輯米蘭達（Miranda Priestly）對於時尚品味的主觀偏執、想要什麼就一定要立馬拿到的強勢氣場、無法忍受一丁點錯誤而且只愛和聰明人共事的完美主義，雖然為她招來了「時尚女魔頭」的名聲，卻也鞏固了時尚教母的形象，讓人雖然對她恨得牙癢癢卻同時覺得與她共事很過癮。

在人才濟濟的國際職場裡，除了專業表現之外，或許一點點脾氣、對於原則的堅持、一個精彩的故事、幾個口頭禪、特殊的穿著風格……會比堅守著**專業距離感**的管理者更容易被看見，並激起其他人想一起共事的熱情和好奇心。

回到這篇文章開頭賈伯斯的例子，你可能會覺得：「為什麼像他這樣一發火就口不擇言的人還能吸引這麼多人死忠跟隨？」我想除了蘋果是個有競爭力的公司、擁有吸引人的產品，以及賈伯斯對於創新的強大熱情之外，更和他富有個性而且鮮明的個人品牌脫不了關係吧！

關鍵思維

在職場上適度地展現「真我」對溝通、做事和帶人都有幫助。對職人來說，「做自己」能夠更有效率地拿出好表現，讓職場人生更豐富精彩；對主管來說，展現風格與個性，能吸引更多願意與你共事的人。

5／探索自己，發展獨一無二的溝通魅力

「Timothy 氣場超強大，看他提案，從聲音、動作、眼神到笑容都拿捏得恰到好處，就像在看一場精彩的表演。」、「Jennifer 說話很有說服力，只要她出馬，沒什麼搞不定的事，連平常很難搞的老總都被她說服了。」在一次關於溝通技巧的訓練裡，我請年輕的同事們分享他們平常在資深老鳥們身上觀察到的溝通風格，大家此起彼落地分享著自己的心得。

我丟出下一個問題：「很好！看來大家平常都有把雷達打開，那麼你們覺得這些溝通高手有什麼共同點？」

「他們風格不同，但都很有魅力！」沉默了幾秒鐘，終於有人提出了精闢的見解，不偏不倚地點出了我想著墨的主題——魅力。

在職場上求發展，一個人的專業固然是重要的基礎，但如果能充分發揮個人魅力，則會讓溝通更順利、團隊合作更有效率和樂趣。許多人以為，魅力和天生的外型、個性息息相關，但已有許多研究證明，一個人的魅力是可以透過刻意練習而不斷累積的，《魅力學：無往不利的自我經營術》（*The Charisma Myth: How Anyone Can Master the Art and Science of Personal Magnetism*）一書的作者奧麗薇亞・福克斯・卡本尼（Olivia Fox Cabane）在書中提到：「有魅力的人不一定得天生外向、外表也不見得要多吸引人，更沒必要改變自己原本的性格，不論你是怎樣的人，都能透過不斷的練習，精進自己的魅力。」

過去二十幾年來，我有幸和來自不同市場的職人共事，也近距離在不同人身上觀察到了五種魅力典型：

底氣超強，有大將之風的領導者

就像《穿著Prada的惡魔》裡的米蘭達、美劇《嘻哈世界》（*Empire*）裡的庫琪萊恩（Cookie Lion），或是現實生活中的蘋果創始人賈伯斯一樣，如果說人生如戲，那麼每齣戲一定要有這類人的存在，才會高潮迭起、精彩可期。這類人的脾氣往往很火爆，經常在職場擺出「我說了算」的權威感，但他們除了專業能力之外，更有著對於「完美」或「勝利」的偏執，以及有擔當的肩膀，和他們共事常有置身電影場景之感，且會被逼著以五年當一年用的速率成長。

冰雪聰明，臨危不亂的策略思考者

這種人平時話不多，但總能一針見血點出問題的核心，越是面對複雜的問題與考驗，兵荒馬亂之際，越是他們發揮力量的時刻。因為他們總能優雅、不疾不徐地為危機解套，典型的代表像是電影《攻敵必救》（*Miss Sloane*）中的政治說客伊莉莎白．史隆（Elizabeth Sloane），或是美劇《紙牌屋》（*House of Cards*）第一季中的克萊爾．安德伍德（Claire Underwood），巧妙地遊走在諸多政客間。他們的存在是水深火熱的職場中一股永恆的清涼。

靈活、創新有幽默感的開心果

Jerry是我的前主管之一，和他合作的那幾年，每天都感覺我的職場人生配上了中快板的背景音樂。他幽默的言談常常兩三句話就把大家逗得哈哈大笑，此外，他最讓人敬佩的地方，就是總能在動腦會議時，輕鬆地化解僵局，提出大家想破頭都無法超越的點子。Jerry對於最新的流行趨勢和話題都非常敏感、平日喜歡四處走走逛逛、各界的朋友眾多，而且總能用愉快又輕鬆的方法把事情做好。像這類型的典型代表人物非艾倫．狄珍妮（Ellen Degeneres）莫屬，即便是在畢業典禮這樣的嚴肅場合，或是談到野生動物保育等慈善性質的話題，她就是有辦法用一兩句話，讓大家淚中帶笑。

有療癒力的心靈導師

有種主管關注你在公司的長期發展更勝於明天要交的報告；對他來說，你是否能鼓勵（或逼著）自己學習、激發潛能和你在工作上的表現一樣重要。他很樂意傾聽你所遇到的問題，不管是職場的還是人生的，並在沒有價值判斷的前提下，分享自己的經驗。我很幸運在菜鳥職人的階段就遇到了這樣的主管，且一直和他維持著朋友關係，自己也努力地往這個方向邁進。就像在電影《心靈訪客》（*Finding Forrester*）中，七十多歲的隱居作家，一點一滴引導十六歲的非裔美籍體保生，發現寫作的天分和熱情，成為更精彩的自己。

能讓大家一起工作，發揮所長的整合者

這類魅力人士有著很強的協調力，可以讓個性不同甚至相互討厭的人發揮彼此的強項，朝共同的目標前進。例如美劇《無照律師》中的律師事務所負責人潔西卡・皮爾遜（Jessica Pearson）就多次說服彼此是死對頭的哈維（Harvey Specter）和路易斯一起合作，解決公司的棘手問題。根據我的觀察，這類職人未必在專業上有最強的表現，但懂得識人、了解每個人的優缺點，並且不流露個人喜好，公平對待每個人，把大家放在對的位子，讓人心服口服，是他們的共同點。

奧麗薇亞在書中分享了四種比較常見的魅力風格典型，我則認為在職場上的魅力會依據人的特質、不同團隊的化學作用，以及多變的情境下，發展出各式各樣的風格，於是歸納整理了上述五種類型。

關鍵思維

該怎麼培養獨一無二的魅力風格？除了在聲音、身體語言、眼神、口語表達技巧多加訓練，並在外型和健康上適度照顧好自己之外，更重要的是不斷了解、探索自己，在職場上，埋首工作的同時也要隨時打開雷達，多多觀察不同的魅力人士，刻意學習，便能去蕪存菁地發展出專屬於自己的魅力風格。

6／外向的人溝通力比較好？——關於溝通的幾個迷思

「我不擅溝通，是否還有機會在職場闖出一片天？」、「和頂頭上司或同事經常雞同鴨講怎麼辦？」、「家人不理解也不支持我的工作，要怎麼說服他們？」、「要怎麼帶人帶心？」……自從開始定期寫專欄，經常接到不同朋友提出的職場問題，每個人都需要面對不同功課，然而我的觀察是：對於進入職場三到五年以上的人來說，困擾他們的往往已不再是專業上的硬能力，反而是和溝通有關的挑戰。

溝通的目的，除了解決問題，最好還能在過程中拉近和溝通對象之間的距離，同時為個人或公司品牌加分；一位好的溝通者，通常很了解自己的個性、溝通特色、優缺點，且善於打造符合自己個性、喜好的溝通風格，或是選擇對自己有利的溝通場景，所以若想學習有效的溝通術，永遠要從了解自己開始。

有許多訓練課程標榜學會了溝通技巧，就能在職場上飛黃騰達、無往不利；我卻認為，溝通的主要目的是清楚表達內心的想法或需求，增進自己和身邊對象的彼此了解，換句話說，學會好好溝通能幫助自己更自在地和世界相處。

既然要談溝通力，就順便聊一下幾個流傳於職場上的迷思：

溝通力是與身俱來的天分，很難後天養成？

你身邊一定有些朋友，總能充滿自信地在眾人面前發表自己的看法，在舞台上發光發亮；**但所謂的溝通力，不僅限於說話的能力，而是在職場或生活中，能夠誠懇清楚地表達自己觀點、取得認同或支援以及解決歧見、尋求共識的能力。**

溝通力，可以在一封email、一個會議、一次簡報、一通電話甚至是一個眼神、動作或表情裡被體現，口才好或是舞台魅力，是讓很多人羨慕的天分；但了解自己、發展適合自己的溝通風格、耐著性子用溝通解決問題、有效達成目標則是一種態度和選擇。

很贊同《絕對達成！業務之神的安靜成交術》（*The Introvert's Edge: How the*

Quiet and Shy Can Outsell Anyone）一書作者馬修・波勒（Matthew Pollard）說過的一句話：「個性只是決定人們以不同的方式獲得成功，而非定義資格。」不管天生的個性怎麼樣，都有機會發展出有效又符合自我風格的溝通方式。

外向的人通常溝通力比較好？

Charlie和Kate在同時期進入公司擔任業務，Charlie的個性非常外向，口若懸河，和什麼人都能夠在很短的時間內聊開，也很享受站在眾人面前，被大家注視的感覺；Kate則個性內斂沉穩，凡事謀定而後動，屬於話少慢熟的個性；一開始，大家都很看好Charlie的發展，但在年終回顧的時候，主管們發現Charlie的表現固然不凡，但Kate贏得了幾個過去沒人能搞定的客戶的肯定，更拿下了超越第二名許多的業績王寶座。

Kate的個性，不但沒有阻礙她和客戶的溝通，反而幫了她一把，她的內向，讓她在和人交流時更願意傾聽，也讓和她互動的每個人都覺得自己受到重視，在不知不覺中說出了真正的需求。沉穩的溝通風格，幫助她以比較有專業、權威感的態度贏得客戶信賴。

天生外向的人或許樂於與人分享與交流，也不畏懼在眾人面前展現自己，很容易在短時間內贏得好感、得到注意；內向的人，則善於傾聽，在溝通時比較不容易「喧賓奪主」，他們往往有很強的自省能力，會積極地尋找自我改善的方法，並且有紀律地反覆練習，像是Kate能了解並善用自己的特質，把溝通的力量妥善地運用在職場中。

心理學家亞當．格蘭特（Adam Grant）表示，一〇〇%內向（introvert）和一〇〇%外向（extrovert）的人其實非常少，多達三分之二的人都是同時擁有內向和外向者特質的中間性格（ambivert）。換句話說，**如果能檢視自己喜歡及不擅長的溝通情境、視自己的個性擷取內外向者在溝通上的優點，並且巧妙地運用，就更有機會練就一身在國際職場發展所必備的溝通好功夫**。

不是第一線的業務也需要學溝通嗎？

答案是肯定的。或許不是每位職人都需要對外溝通，但在公司內部進行對上

（主管）、下（部屬）、左、右（相同或不同部門的同事以及合作廠商）的溝通對多數職人來說都是日常；而對需要兼顧家庭和事業的職人來說，只是多了和家人溝通這一門功課。

但不管是與客戶、主管、下屬、同事或家人溝通其實都比不上面對自己、和自己溝通來得重要。溝通應該是職場和生活中的助力而非壓力，在學習溝通的過程中，進階版職人們往往能培養出樂觀面對挫折以及柔中帶剛的能力。

關鍵思維

所謂的溝通力，是可以靠後天養成的。好口才和舞台魅力是讓很多人羨慕的天分，但了解自己的優缺點、發展適合自己的溝通風格，才能讓溝通的力量有效發揮。

7／你的缺點就是你的優點——了解自己，在國際職場打出一手漂亮的好牌

在爭取某知名品牌年度合約的會議上，我們通過了前面幾次提案會議，拿到了最終關鍵會議——和該品牌首席行銷長（Chief Marketing Officer，簡稱CMO）面試的門票。

CMO：「我們很喜歡你們的提案，但你們的團隊似乎規模比較小，請問貴公司有幾個人？」

我：「我們是一個具備策略、執行和設計等能力的全方位團隊，目前有十五位員工，同時也在快速地成長當中。」

CMO：「像你們這樣的小公司，真的有辦法好好服務像我們這種大規模、需

求又很多的集團嗎？」

我：「首先，我們公司的人數或許不是最多的，但從我們目前所服務的客戶在各個產業的領導地位、產品的多元性、全球合作夥伴的影響力，和公司資深顧問們的專業和國際經驗等標準來看，我們從來不認為自己是『小』公司喔！至於實際的工作支援，我們有信心能做出良好的安排，團隊的規模不大，反而可以緊密合作並且更靈活地因應各產業的變化，提出創新的建議，這不但是我們所服務的國際品牌樂意和我們長期合作的主因，也是盛思和其他公關公司最不一樣的地方。」

CMO露出了肯定的微笑，我們終於得到客戶的口頭確認，團隊雀躍地走出會議室。坐上計程車後，Chris忍不住問：「剛才那場會好精彩，CMO氣場超強，而且每個問題都一針見血，但你也毫不遜色，總是可以不卑不亢地抓住回答每一個問題的機會，賣賣團隊的優點。」

Chris想知道要怎麼樣才能像我一樣，好整以暇地面對如此強硬的提問或挑戰，我告訴他，如果能充分掌握「把缺點轉化成優點的溝通力」就算是成功了一半。

溝通功力來自經常的自我檢視與策略思考

和許多國際職人「交手」多年，我發覺除了專業領域之外，**一個人也很需要在了解自己的優缺點後，培養「把自己的缺點轉化成優點」的溝通力**。

當一位職人擁有充分的自信，往往能體認到「自己的缺點其實也是優點」，而這樣的自信來自於經常的自我檢視和策略思考。

在要求每個人都必須快速發揮作用的跨國企業工作，讓我學會定期檢視自己的狀態，並分析自己和組織裡其他同事分別扮演什麼角色，以及目前身處的位置，這樣的習慣，在我過去忐忑地加入一家以半導體為主要客戶的公關公司時，便派上了用場。當時我面對工程師出身的客戶主管，和一群名校理工科碩士學位的下屬，實在心虛得可以，但我試著分析自己的客觀條件，思考要如何為團隊加分後，很快發覺自己身為不諳理工的文科生，反而能夠協助團隊用「人話」把深奧的技術說成動人的故事，有效地擴大品牌影響力，這是我的一大優勢。所以即便面對質疑或挑戰，我都可以很優雅地應對並放大自己的優點。

被挑戰時要懂得「破局思考」再溝通

「被挑戰」是國際職人的家常便飯，在商場上，許多人甚至會藉由態度或言語上的挑戰來觀察對方對於自家的觀點、服務、產品、品牌是否有足夠自信，並評估對方是否「夠格」扛下這份責任，展開長期的夥伴關係。

面對這樣的挑戰，有經驗的國際職人懂得超越表象、針對事情的目的或本質進行策略思考。例如，在創業之初，我最常被挑戰的就是：「和其他公司比起來，你們公司的案例很少。」我往往能夠不退縮地回答對方：「我們是剛成立的公司，因此執行過的案例比較少，不過，這反而讓我們的資深顧問能用全新的觀點看待問題，think out of box（跳脫傳統的思維），而不會過度依賴昔日的SOP，我相信『創新』正是您考慮和我們合作的原因！」

這種突破框架，從更宏觀角度面對職場挑戰的「破局思考」策略，幫助我在國際職場發展和創業路上，突破一次次的瓶頸，成功地贏得機會與信任。

訓練自己看到事物的正面價值

很多人覺得，面對巨大壓力或是咄咄逼人的問話，怎麼有辦法氣定神閒地自我推銷？面對這個疑問，我的建議是，有意識地訓練自己看到事物的正面價值，並且有邏輯、大聲地說出來。**每件事都有正反兩面，因此，一個人的缺點往往也是他的優點；一件事不到位，通常能帶來其他的機會，而能夠把能量聚焦在一件事的正面價值，才是國際職人在面對挑戰、拓展格局時的能耐**。

以下列出幾件我過去在國際職場上經常被挑戰的事，以及每件事的正面價值，希望提供給大家一點靈感，幫助你發展「把缺點轉化成優點」的溝通力，在國際職場上，把每一次挑戰都轉化成讓自己或團隊發光發亮的機會。

被挑戰的事	所轉化出的正面價值
你們似乎沒什麼經驗？	沒經驗反而能用全新的觀點看問題。
你的學經歷似乎和現在做的事沒什麼關係？	就是因為過去的經歷和大家不同，才能跳脫框架，為團隊帶來多元的價值。
你的個性好像很文靜。真的能做業務嗎？	我的確不愛站在台前，我的專長是在幕後把客戶的品牌打造成明星。
你們的價格比別人都貴。	我們的目標從來不是當最便宜的品牌，而是能為客戶提供最佳服務的品牌。
這個行業的專業度很高，你們懂嗎？	這個行業的門檻很高。對於產業和公司，我們一定不會有您這麼了解。但是我們的專長是，把難懂的內容轉化成動人的故事。

關鍵思維

除了專業領域的努力，國際職人也需要充分了解自己的優缺點，培養「把自己的缺點轉化成優點」的溝通力。其中的方法包括了：

1. 經常的自我檢視與策略思考；
2. 被挑戰時要懂得「破局思考」再溝通；
3. 訓練自己看到事物的正面價值。

8／掌握跨文化溝通前，先養出「文化自信」

九月底的上海近郊依然驕陽似火，但此刻的我和一群彼此第一次見面、來自荷蘭、英國、美國各地的工作夥伴，完全沒時間想這個，因為我們正絞盡腦汁思考要怎麼贏得這一局的團隊任務——寫幾副春聯拿到大街上說服路人掏錢出來買……

這是我參加過印象最深刻的團隊活動之一，活動設計相當緊湊，加上我是現場唯一受到「中華文化」薰陶的人，只好硬著頭皮拿起睽違十幾年沒碰的毛筆。

以中國為代表的東方市場崛起後，職場的人才組成日益多元化，文化能力（cultural competence）、跨文化能力（intercultural competence）或文化智商（Cultural Intelligence Quotient，簡稱CQ）在這一、二十年間，逐漸成為職場溝通的熱門關鍵字，而上述這類活動的設計宗旨，除了凝聚團隊的默契和共識，更是希望能培養成員的「文化能力」。

所謂的「文化能力」指的是和不同種族、文化底蘊、生長背景的人士，有效溝通、達成目標的能力，對於目前正在國際職場中求發展或期許自己能成為國際人才的人們來說非常重要。

在網路上搜尋一下「文化能力」這個詞，就能發現當前全球有許多課程、研究或文獻著重於打造多元文化的企業，或協助職人們快速融入多元文化的國際職場，以免踩到地雷，但我卻認為，**培養「跨文化能力」之前，需要先擁有強大的文化自信（cultural confidence）**。

每個人對文化自信或許有不同的詮釋，在我看來，「文化自信」是指充分累積自己生長地的文化底蘊，並且自信地展現對於該文化的理解及熱情的能力。

在大街上揮毫寫完春聯後幾個月，和朋友相約逛逛當年在上海舉辦的世界博覽會，走完幾個主要國家館，正打算打道回府時，朋友說想看看台灣館，我帶著陪玩的心情去了，沒想到，當台灣味的音樂響起、天燈在眼前緩緩升起、一滴滴細雨打在身上、空氣中飄來茶香，我竟然忍不住淚流滿面，那是離家好幾個月的我，第一次想家、也是一直自居為國際職人的我，真真切切地遇見了自己愛台灣的心。

在國際職場打滾好一陣子後，我逐漸領悟到，每個人的文化背景，往往會成為別人對於這個「品牌」的第一印象，也會成為這個人的識別象徵，如果運用得當，**堅實的「文化自信」，會成為我們在職場上進行跨文化溝通的底氣，擁有文化自信的職人，更有機會在國際上贏得別人的尊重，在茫茫人海中成功打造出品牌差異。**

文化自信是養出來的，但是該怎麼培養？以下是我的一點心得分享：

刻意觀察重要本土趨勢及發展

在許多國際的社交場合，和不熟稔的人初次見面，大家往往會以「你來自哪裡？」以及「你所代表的市場，最近發生的重大事件」做為破冰的話題，而長期關注所在或所代表市場的政治發展、經濟前景、政策走向、流行趨勢等「通識」話題，能幫助我們在開啟話題的同時，促進對方對於所代表文化的了解，打造知性的正面形象。

選擇自己喜歡的領域，深度鑽研

有效溝通的第一步是讓對方對你以及你即將要說的話感到好奇。試著在專業範疇之外，挑選幾個感興趣的領域，投入部分資源和精力鑽研自己文化在該領域的相關表現，就能有效提升文化涵養。例如，喜歡藝術的人，除了西洋藝術家的作品之外，不妨挑選幾個本土藝術家來研究、欣賞。如果你和我一樣是個吃貨，也可以了解一下本土名菜背後的故事，或是除了喝咖啡也品品茶、研究一下茶道、茶具等等。

檢視多元文化，持續重新定位自己

當職場的流動性越來越大，擁有多重文化背景的職人也越來越多，像是出國留學、外派、長時間出差……都讓我們有機會接受不同文化的洗禮。在接觸了幾種新文化後，不妨思考一下在自己所接觸的多元文化裡，哪些部分和自己最契合，哪些是自己比較無感的，進而修正個人的品牌定位及使命。以我自己為例，年輕時候，我一直自詡為在專業領域耕耘的國際人，直到接觸的文化多了，我才發現自己其實是個國際經驗豐富的「台妹」，很適合為那些和我一樣擁有東方文化底蘊，想要前進國際職場的朋友提供一點幫助。

清楚了自己的定位，對於在國際職場上溝通的風格、前進的方向、參與的「戰役」也會更加篤定。

融合不同的文化塑造自我形象

一個品牌呈現在外的樣貌，往往是內在思維和故事的體現。因此，一個到位的國際職人，通常能透過形象塑造，爭取其他人的好奇心和好感，甚至讓別人即使跟你沒有太多面對面的互動，也能讀懂你的故事。這裡指的形象塑造，除了服裝色彩、款式、配件風格、妝髮的選擇，還包括聲音、口頭禪、表情和手勢等細微的溝通輔助動作，它們能一點一滴地將你的文化底蘊和自信展現其中。

「要先知道自己是誰，別人才會在乎你是誰」是我在國際職場多年來的重要觀察之一，**前進國際職場，就像是徜徉在浩瀚的大海，要怎麼在多元文化的浪潮下，汲取出養分，成為更好的自己，而不會被淹沒？要怎麼在一次次的跨文化溝通中，**

不卑不亢地達成共贏的局面？其中的關鍵都在於能否為自己的文化基礎扎根，在面對世界前，先好好地看清楚自己。

關鍵思維

擁有強大的「文化自信」，是培養「跨文化能力」的第一步。前進國際職場前，你要先豐富自己的文化內涵，才能形塑出個人的溝通風格，讓人對你留下深刻的印象。

第二章

那些年，我從各地國際人才身上學到的事

9／讓自己被看見，是在國際職場中把事做好的第一步

某家跨國金融集團的尾牙一向是一年一度的大事，雖然年底總是工作爆量，大家仍會拿出加倍的努力，把自己的表演準備到近乎完美的程度，這不只是為了爭取獎金，更是因為尾牙或任何公司的非正式聚會都是展現自己的機會，可以代表身為一個work smart、play hard的A咖以及團隊形象，因此，從幾個月前，福委會和各個部門代表，早已捲起袖子認真籌備，公司從上到下呈現一股「用生命把演出做好做滿」的氣氛。

身為福委會一員的我們，因為肩負著尾牙總體呈現及滿意度的責任而倍感壓力，活動前一週的某個晚上十點，還在公司大會議室和業務部門的表演團隊，一起進行阿拉伯熱舞表演的彩排和最後微調。

「你們剛才跳得超棒的，我可以加入演出嗎？」（What you guys just did was brilliant! How can I be part of it?）就在大家如火如荼、揮汗如雨地跳著舞，激烈討論之際，剛上任兩週、來自以色列，平日不苟言笑的財務長Lisa，不知道從哪裡冒出來，一邊鼓掌一邊很high地自願參加演出，而當下我們雖然對長官最後一秒的熱情參與感到興奮，心中也默默想著看來今晚的加班才正要開始……

一週後，這個部門的肚皮舞演出，果然在充滿異國風情的聲光效果、同事絢麗的造型和非常到位的演出下，贏得滿堂彩，而穿著華麗中東宮廷風禮服、妝容精緻的中東女王Lisa，在一群壯丁簇擁下亮麗登場，更為整個演出，甚至整場尾牙活動譜出精彩的高潮。

當時主辦尾牙的我，只是單純享受著準備尾牙的熱鬧氛圍；在職場打滾多年後回首這個場景，倒也看出了幾番門道，並發自內心讚賞當時初來乍到的財務長做的幾件事：

1. 做一件擲地有聲的事，讓自己快速被看見

身為財務長不乏被看見的機會，在眾多的公司集會中，她選擇了正能量滿滿的尾牙作為初登場舞台，不只是優雅地上台頒獎，而是大膽穿上色彩鮮明、造型誇張的服裝，畫上大濃妝，非常投入地參與表演。如果每個人都是個品牌，這麼做的好處是，幫自己營造歡樂、正向的聯想。同時透過輕鬆的表演，緩和一下財務人員正經嚴肅的刻板印象，為自己添加「人情味」，也讓同事在日後更願意和她配合，讓工作更順利。

「我明明工作成績不錯，為什麼每次有外派或出國開會的機會，總不在主管的口袋名單裡？」你可以思考的是，「我在組織中的能見度如何？」以及「為了提升自己的存在感，我下過什麼樣的功夫？」如果你從來沒想過上述的問題，或許這就是你一直和機會擦身而過的主因。因為，**把專業的本分做好，只是一個職人理所當然的敲門磚，當我們在職場上不斷提升甚至前進國際時，能不能讓自己或自己所代表的團隊、組織、市場「被看見」，才是進階版職人的本事，也是一個人是否能在職場上擁有一席之地的決定性因素。**

2. 選對情境和時機借力使力，為自己加分

財務長是個需要經常跨部門合作的角色，因此快速在陌生的環境中建立自己的品牌極為重要。在歡樂的尾牙上做這件事是很合理的策略，但更聰明的是，Lisa選擇了表現相對出色、最有冠軍相的團隊合作，並且在表演內容已經底定的前一週表達意願，讓自己不需要花太多時間彩排，以最高的「投資報酬率」現身尾牙晚會，打響自己在公司的知名度，也為合作對象節目加分。

當我們在職場中擔任主管，生活越來越繁忙、責任越來越重大，誰能花最少的時間、精力及團隊資源，成就最出色的表現，誰就最有機會承擔更大的責任、發揮更多正能量與影響力。具體的做法包括爭取參與或主導艱難的專案、在重要會議中提出不一樣的看法、積極參與公司事務等等，而其中的關鍵，除了敏銳的觀察力之外，更需要願意嘗試的冒險精神。

3. 建立人際管道，快速進入情況

多年前，我離開熟悉的台灣職場，剛到任上海的前幾個月，每天一早起床讀五、六份報紙，中午用不同的文件配便當、晚上回家又猛K研究報告，希望能在最短的時間內進入情況，了解我不熟悉的市場和產業。

相較於我這種拚命三郎、土法煉鋼的努力法，Lisa 和多數在國際職場求發展的進階版職人，則選擇**在組織中廣結善緣，或是在市場裡建立人際管道，透過多方、頻繁的意見交流，快速掌握情勢、認清挑戰、尋求資源，並決定階段性的努力方向及策略**。

面對新職務、新工作、新團隊、新產業、新市場、新挑戰……除了埋首於資料和報告裡，下次不如也試試Lisa 到處和人吃飯喝咖啡、交換意見這個方法，因為前者或許能讓你釐清現況並累積紮實的 knowhow，後者卻能在了解狀況的同時，也一魚兩吃地打響個人的品牌知名度。

關鍵思維

在國際職場上，能讓自己或自己所代表的團隊、組織、市場「被看見」，才是進階版職人的本事，若懂得借力使力、善用人際資源，就能有效地提升自己的能見度，在職場上擁有一席之地。

10／從七段知名國際演說，談如何養成A+的演講功力

「我永遠忘不了搬家後，孩子們第一次從家裡出發，準備去新學校報到的畫面。那是一個冬天早晨，看著當時分別才七歲和十歲大的女兒們，小小的身體鑽進滿是荷槍實彈、高大保鑣的黑色SUV裡，小小的臉蛋貼在玻璃上，我心裡唯一的想法是：我們到底做了什麼讓事情變成這樣？」

以上是美國前總統夫人蜜雪兒．歐巴馬在二〇一六年的民主黨全國大會（Demographic National Convention）中，為民主黨總統候選人希拉蕊（Hillary Clinton）站台時，最吸引人的一段話。[1]這次的演講，不但讓許多現場聽眾感動得起立鼓掌，更吸引國際媒體爭相報導，為民主黨選情帶來相當正面的影響，雖然最後希拉蕊並未勝選，但這段精彩的演講，到多年後依然留在許多人心中。

一段公開演說，或許只有短短幾分鐘，卻能留下深刻長遠的影響。或許這也是在國際職場求發展的職人們，小到部門會議，大如在國際會議上發表演說，經常需要公開發表觀點，創造影響力的原因之一。

在國際場合做好演講的重要性非同小可，然而許多人或許會和從前的我一樣，一想到要在一群人面前說話就頭皮發麻，為了克服自己對於演講的恐懼，我花了不少時間研究演講這個課題，並且發現對多數職人來說，要把一場演講掌控到七、八十分火候，需要熟悉演講架構，從撰寫演講稿、了解聽眾等事前準備，到不斷地練習；但當你站上國際職場，想把演講技巧提升到A+程度，發揮更大的影響力時，除了努力之外，更需要注重其他細節。

再偉大的故事都要從自己出發

我相信，蜜雪兒那一次演講之所以能打動人心，很重要的原因在於她從自己對

---

1 美國前總統夫人蜜雪兒．歐巴馬於二〇一六年民主黨全國大會的致詞，可上網搜尋：「Michelle Obama's full speech at the 2016 Democratic National」。

於孩子的情感和教育理念出發，提到自己和丈夫秉持著「在孩子面前做個更好的人」這個信念，希望在總統和第一夫人的位子上，都能謹慎地做好每一個決定、每一件事。接著她話鋒一轉，提出決定讓誰當總統，就是決定要留下什麼樣的未來給下一代，而她自己唯一信任、能夠扛起這個重責大任的人就是同黨的候選人希拉蕊。蜜雪兒從「小我」出發，層次分明地把演講內容逐步提升到更高格局的大我，成功地贏得了大眾的共鳴。

而蜜雪兒的丈夫——巴拉克．歐巴馬（Barack Obama）也是箇中好手，二〇〇四年，同樣是在民主黨全國大會中，他藉由分享自己跨文化的、來自工人階級的多元成長背景、帶出美國不論出生背景，人人都有機會創造成就的社會價值，為同黨候選人站台，成功地幫助民主黨把這場選舉定調成「擁抱無畏的希望」[2]，更讓自己一夜之間從鮮少人知道的伊利諾州參議員，到世界矚目的焦點人物，正是這場演講[3]改變歐巴馬的一生，開啟了他的白宮之路。

演講就是展現最佳版本的自己

臉書營運長雪柔．桑德伯格（Sheryl Sandburg）在TED中的一段演講《為什麼我們的女性領袖太少》[4]經常被我用來當溝通課的教材，除了這段演講有清楚的三段式結構之外，更因為在這之中她很忠實地呈現出自己。

演講的內容由具有代表性的研究數字和不同階段的人生小故事所組成，兼具說服力與趣味性，另外值得一提的是，她說話的語氣、臉上的表情、當天的造型都在溫柔中帶有堅毅，和平日的形象毫無違和，也成功烘托出這段演說的主旨——鼓勵女性主動爭取機會。

而知名脫口秀主持人艾倫則是「做自己」的另一個典型，不管是在杜蘭大學

---

2 《無畏的希望：重申美國夢》（*The Audacity of Hope*）是歐巴馬任職美國參議員所寫的一本政治書，內容講述了個人的成長經歷及美國現存的問題。

3 美國前總統歐巴馬在二〇〇四年民主黨全國大會的演講，完整影片可上網搜尋：「2004 Barack Obama Keynote Speech」。

4 臉書營運長雪柔．桑德伯格在TED的演講《為什麼我們的女性領袖太少》，可上網搜尋：「Why we have too few women leaders」。

（Tulane University）畢業典禮上的演說，[5]或是奧斯卡頒獎典禮開場，生性幽默的她，總維持每三句就有一句玩笑話的頻率，輕輕鬆鬆就讓原本有點嚴肅的場合氣氛high到最高點。

艾倫和雪柔是完全不同的兩個人，但她們做對了同一件事——找出自己的風格，在公開演說中將它發揚光大。

真情流露往往最能打動人

美國前總統老布希（George H.W. Bush）在二〇一八年年底過世，而他的兒子小布希（George W. Bush）在父親的喪禮上發表了溫馨而帶點洋蔥的弔辭[6]。感性又幽默地分享了父母親長達七十三年的婚姻、不愛吃花椰菜這類話題，反映出老布希人性的一面，一直到父親對國家的貢獻……演講尾聲小布希禁不住悲傷的哽咽和淚水為這段演講畫下令人動容的句點。

除了淚水之外，講者充分展現對所分享內容的熱情，也相當有感染力。作家賽門．西奈克（Simon Sinek）在《偉大的領袖如何鼓勵行為？》（*Start with Why*）、

《千禧世代在職場上到底出了什麼問題？》（*Millenials in the Workplace*）等幾段為許多人所津津樂道的公開談話中，[7]用熱切的語氣、豐富的肢體語言和緊湊的節奏感，表達出自己對於分享內容的深信不疑，也讓他的公開演說深具說服力和個人魅力。

善用金句和創意提高演講的影響力

「求知若飢，虛心若愚。」（Stay hungry. Stay foolish.）已故的蘋果創辦人賈伯斯在史丹佛大學的畢業典禮上，用鏗鏘有力的四個英文單字總結了他的演講。[8]

雖然辭世已將近十年，賈伯斯的許多理念卻依舊透過過去的公開發言持續影響

5 知名脫口秀主持人艾倫．狄珍妮在美國杜蘭大學畢業典禮上的演講，可上網搜尋：「Ellen DeGeneres at Tulane's 2009 Commencement Speech」。

6 美國前總統小布希在父親喪禮上的弔辭，可於網路上搜尋：「George W. Bush Delivers Emotional Eulogy for His Father」。

7 賽門．西奈克兩段最具影響力的TED演講《偉大的領袖如何鼓勵行為？》及《千禧世代在職場上到底出了什麼問題？》，前者完整影片可搜尋：「Start with Why」，後者可搜尋關鍵字「Millenials in the Workplace」。

8 蘋果已故創辦人賈伯斯二〇〇五年在史丹佛大學畢業典禮上的演講，可搜尋關鍵字：「Steve Jobs' 2005 Stanford Commencement Address」。

著世人。除了獨特的演說風格外，相信和他精心策畫的名言和神來一筆的創意也息息相關，像是把MacBook Air從牛皮紙袋拿出來，幫助蘋果的產品在日新月異的3C市場裡，取得不可磨滅的地位。

回到這篇文章開頭的那場演講，相信很多人就算早已遺忘實際內容，仍然能記住蜜雪兒那個晚上說過的這句話：「他們越低級，我們就要越有格調。」（When they go low, we go high.）而把它內化成個人的原則之一。

傳達觀點、為職場甚至整個世界帶來影響及改變，這就是一段成功演說的力量。

關鍵思維

當你前進國際職場，希望透過演講發揮更大的影響力時，除了努力與練習之外，更需要懂得——「再偉大的故事都要從自己出發」、「演講就是展現最佳版本的自己」、「真情流露最能打動人」，以及「善用金句和創意讓演講的影響力更長遠」這四個大原則。

11／「說之以理」是溝通的基礎，「動之以情」才能真正被看見

「……所以我們建議，貴公司可以透過剛才所提出的三個主要策略來創造在AI（人工智慧）領域的話語權和品牌領導形象，謝謝大家！」

剛結束明天的提案彩排，Renee迫不及待地想知道她表現得如何。我照例在回答前先問問她怎麼給自己打分數，她說：「內容夠豐富，邏輯夠清楚，應該可以拿到B+，但到A之間還有一段距離，感覺少了些什麼。」

我：「哈哈！我有同感。妳條理分明、台風穩健，簡報內容也很充足，但如果能加上『動之以情』的技巧，整場『表演』會更打動人。」

Renee：「表演？」

許多人或許和Renee一樣對於我把簡報比喻成有點娛樂意味的表演感到新奇，但像是簡報、演講這類面向許多人說話的溝通情境和表演很像，除了強大的邏輯性和團隊合作，更需要有能夠激發同理心，讓人「有感」的元素，才算是完整。

而身處或有志於前進國際職場的職人們，更應該同時掌握「說之以理」和「動之以情」的溝通技巧，並視溝通對象、情境、主題等條件的不同，靈活地轉換運用，讓自己被世界看見、聽見。

說好一個故事才能讓人看見大局

二〇〇六年台灣某商業雜誌的封面故事「一碗陽春麵」，敘述五個年幼的孩子，為了讓罹癌住院的母親和辛苦工作的父親有東西吃，即便飢腸轆轆，卻一起只吃了半碗陽春麵，因為想將剩下的半碗打包回家給爸媽。這個故事感動了許多人、帶動了數家電視台的追蹤報導，更引發社會各界對於弱勢族群的注意，一直到十多年後的今天，都有媒體持續追蹤這五位當年的小兄妹現在過得如何。

二〇一五年一位三歲男孩的背影讓世界心碎。穿著紅色T恤、深色短褲的敘利亞籍男童艾蘭（Aylan）在和家人從敘利亞偷渡到希臘的過程中不幸沉船溺斃，他在土耳其沙灘上被發現，臉部朝下埋在沙中，小小的身軀不斷被海浪拍打。這個令人鼻酸的畫面登上了國際媒體的頭條，也引發全球對於歐洲難民問題的關切與討論。

許多時候把一個故事說好，反而比一堆數字和理論更打動人。在忙碌的職場裡，每個人都有自己的目標、優先順序和滿滿的問題要解決，與其一開口就搬出一堆大道理，不如先透過觸動人心的故事，激發溝通對象的同理心和關注，反而讓人更願意騰出時間和空間，「聽見」我們的聲音。

越是艱澀複雜的狀況，越需要簡單的語言

在二十多年的職場人生裡，我有幸和許多社會各界的領導人物共事，他們多數很懂得談笑用兵，用溝通力形塑自己的影響力，例如我曾經共事的一位金融大佬，非常擅長用生活化的語言，面對複雜或尷尬的狀況。談到併購企業雙方體質的重要性時，他用：「兩個大石頭綁在一起丟進海裡只會沉得更快。」來解釋兩家體質差的企業絕不會因為併購而有所改善。每當有媒體詢問他不方便透露的案子時，他不

會一臉嚴肅地說：「不予置評。」（No comment.）反而會開玩笑地四兩撥千斤：「飯還沒煮熟，不要一直掀鍋蓋啦！」

從他身上我學到越是敏感、複雜、困難、尷尬的狀況，越要用輕鬆、生活化、單純的態度和語言來面對。這不但是一種「舉重若輕」的處世態度，更是「有感」又「有效」的溝通方式。

將心比心，換位思考

在職場上經常需要透過溝通爭取資源或機會。而要達成正面溝通的第一步莫過於站在對方的立場思考，找出對方和自己的共同利益，並創造共贏。例如，面對欲辭職的員工，與其硬留住對方，讓對方多支援自己幾個月，還不如了解對方未來的規畫，並想想自己能怎麼加分；面對為了有限資源而來吵架的同事，與其隨之起舞，不如想想自己有什麼談判籌碼、希望交換到什麼樣的資源，或是雙方有沒有可能合作把餅做大；面對態度不佳的客戶，與其默默抱怨，不如認真思考對方不滿的起因。是不是有更深層卻沒有說出來的問題？怎麼做才能提升客戶關係？

在國際職場裡和來自不同背景的職人們共事，「換位思考，將心比心」更是有效溝通的充要條件，因為它能夠幫助我們跨越文化、種族、國際、性別等差異，精準地打中對方的心，然後從一來一回的互動當中，在原本以為充滿障礙的路上，一起發現新的可能。

就算是理性的人也可以透過事先規畫，有感溝通

「但是我是個很理性的人耶！要怎麼動之以情？」看到這裡，或許你心裡會有這樣的潛台詞。

「動之以情」的溝通能力，和個人風格固然有關，但更重要的是溝通前的事先規畫。例如在《你是否真的可以辨識出小朋友說謊呢？》（*Can you really tell if a kid is lying?*）[1]這段ＴＥＤ演講中，來自多倫多大學的研究員李光，一開場先邀請觀眾舉手回答「小時候有沒說過謊」，接著分享一個關於孩子說謊的小實驗，播放兩段

1 李光在ＴＥＤ的演講可搜尋：「Can you really tell if a kid is lying?」。

不同孩子和大人對答的影片，並讓觀眾從孩子的面部表情猜測哪一位是說謊的孩子，再分享針對各行各業的大人們做的相同實驗結果，說明其實孩子說謊與否很難從臉部表情判斷出來。最後才導出這段演講的主題——一種能透過分析臉部血流狀況，辨識情緒的新科技，以及其在教育、政治、商業等不同情境的廣泛應用。

演講者李光有著科學家典型的理性風格，整場演講始終維持著專業且中性的用詞、聲調和肢體語言，但正因為完善的事前準備，讓他一步步地帶著聽眾一邊大笑一邊循序漸進地進到新科技的世界。相信如果他一開始就丟出transdermal optical imaging（透皮光學成相）這個拗口的專業術語，結果一定很不一樣。

關鍵思維

可以把事情的邏輯說得很清楚，只是職場溝通的基本盤。進階版的國際職人還要能夠「動之以情」。而「說一個強而有力的故事」、「用簡單語言說明複雜的問題」、「換位思考」以及「完善的事先規畫」才是能打動人的溝通方法。

12／借鏡各地國際人才，塑造自己的風格

不管是遠離家鄉發展，或是透過遠距的方式和不同市場的職人共事，一旦跨入國際職場，面對的挑戰與狀況便會複雜許多，與此同時，也能在工作中快速學習成長，吸取跨文化的養分，其中我覺得收穫最多的，莫過於在溝通的技巧上，能向世界各地的職人取經，截長補短，不斷加強自己的溝通風格。

向印度人學參與：開會搶著舉手，散會繼續熱烈討論，超有存在感

「在開始前我先提醒一下大家我們的規則，除了印度同學每個人每節課只能發問一次，其他人都必須多多發問！」某次我代表台灣參加跨國傳播集團在國外舉行

的訓練，主辦人在課程開始前半開玩笑地提醒大家。這番話雖然博得了哄堂大笑，卻也點出一個不爭的事實——印度職人愛問問題的程度舉世聞名。

不管是在國外求學期間，或是國際工作場合，印度職人們操著濃濃的口音，搶著舉手問問題甚至當場辯論的畫面，相信對於許多人來說都不陌生，相較之下，在東方社會長大的我們，則多數習慣保持低調，把優先提問的機會讓給別人。然而，「出道」幾年後，越是熟悉國際職場的遊戲規則，越覺得印度職人這種積極提問的習慣非常值得學習，因為這不但能逼自己全神貫注且不斷思考，更能有更多「被看見」的機會，進而塑造出專業的形象。

放眼望去包括谷歌、微軟、萬事達卡等知名企業的CEO都來自印度，近年來印度籍的專業經理人擔任科技、金融、快消等領域的國際企業資深主管的比例也節節攀升，相信這除了是因為很強的技術背景和管理能力外，和他們總愛把資訊「解構」成數個小問題，不斷挑戰、思辯的思考習慣很有關係。

向美國人學直接：直接切入重點，公私分明的溝通方式超有效率

Sally：「你們為什麼老是建議客戶發新聞稿呢？我們可以做一些不同的事嗎？我們需要多點創意！」（How come you always suggest the client to issue press releases? Can we do something different? We can really use some creativity here!）

我：「我理解客戶想要有創意的做法。但也請妳理解我們這樣建議的原因。如果我沒記錯，客戶現在最重要的目標是爭取媒體曝光，而在預算有限的情況下，我相信這是最好的做法。我實在看不出來為了創意而創意有什麼意義！」（I understand that the client is looking for some creative approach. But please also understand where we are coming from. If my memory serves well, exposure quantity is the first priority of client's program this year. If that remains the same, I believe what we suggested was the best solution under the current really limited budget. Frankly, I don't see any point of proposing a "creative" idea just in order to be creative.）

以上針鋒相對的談話是我和過去某間公司總經理的真實故事，也是職場人生二十多年間，一段再平凡不過的工作場景。在美商企業工作、和來自美國的客戶、同事、合作夥伴共事許多年，我很習慣並且喜歡這樣直來直往、就事論事的溝通方式。雖然經常為了在工作上的不同觀點大聲說話甚至拍桌子，但下了班，大家照樣吃飯喝酒，離職了，反而成為更好的朋友。

因為大家都是能夠切割公事和私交的成熟人，或許有話直說會帶來一時的情緒，但在分秒必爭、需要跨國整合的國際職場上，則是能讓任務成功，並且使公司和個人都快速成長的最有效率方式。

向法國人學優雅：就算熬夜加班也要把自己弄得很有型，從容面對挑戰，享受工作和人生

因為一次緊急專案的關係，讓我跟巴黎辦公室的Marcel交情迅速提升，他最讓我佩服的一點是不管前天電話會議到幾點，第二天總能把自己打理得有型有款出現在公司；不管狀況有多複雜，總能不疾不徐地淡定面對；即便碰到了不以為然的

人，也頂多是用說冷笑話的方式無傷大雅地酸一下對方。

D公司是我合作了將近十年的法商企業，和Marcel一樣，他們也展現了濃濃的法式優雅。例如，舉辦全球大會讓來賓吃好住好是必然的基本配備，但D公司總會將活動當地的文化背景，巧妙地和議程無縫接軌，從餐廳或餘興節目的安排一直到簡報的排版、背景音樂的選擇，從每個細節中展現出主辦單位的用心和厚實的文化底蘊。

和這些法國友人共事，讓我學習到工作和生活相互滋養的豐富與從容，更重要的是，越是緊急嚴重的大事，越要淡定面對。

和中國人學積極：就算沒做過也願意嘗試，用企圖心爭取能見度

「中國的年輕人是不是都很伶牙俐齒？」這是許多人一聽說我曾經在上海工作過幾年的第一反應。

畢竟中國很大，不同省份的人之間也有很大的差異，但根據我有限的觀察，中國和台灣都有口才很好的職人，但中國的職人普遍都能展現出一股拚勁。

以面試為例，我在台灣和中國都面試過不少人，台灣的優秀人才多半以客觀的優秀條件和謙和有禮的態度讓人留下好印象；而我在中國面試過的應徵者，不論客觀條件如何，十個有九個都可以充滿信心地在主考官面前從容推銷自己，同時展現出對於工作的強烈企圖心，甚至給人「這樣的人才不用很可惜」的感覺。

看到這裡你心裡或許會想：「還是實力比較重要吧！如果光是很敢講卻沒有能力，搞不好會死更快！」和你一樣，我也認為實力和專業是能夠支持職人在多數地方長久發展的要素，但面對未知的狀況，或是自己從來沒有做過的事時，充分展現自己的積極度和自信心，對於想前進國際職場的專業人士們來說非常加分。

當一個人在職場上爬到越高的位子，大家會越期待你能快速搞定各種光怪陸離的疑難雜症。這個時候，能幫助我們的，除了過去的經驗，更是穩健的氣場和強大的自信。

關鍵思維

跨入國際職場，最大的收穫之一就是溝通的技巧，不但能和世界各地的人才取經、截長補短，也能藉機養成自己的溝通風格。

13／「有效求助」是國際職場必備的溝通軟實力

Joan是許多人羨慕的對象。美國名校畢業，回國進入外商公司從基層做起，因為表現突出，先後幾份工作都累積了亮眼的實績，也讓自己成為許多公司爭相挖角的對象，不到四十歲，就擔任一家科技公司的亞太區主管，過著空中飛人的日子。

她的努力和卓越表現當然不容置疑，除了這兩點之外，Joan也是個溝通高手，善於讓自己在職場上被看見，所以我找到機會便小小「訪問」她：「相較於多數的同儕，你這幾年在工作上的發展突飛猛進，除了學經歷、工作能力等客觀條件外，你覺得還有哪些關鍵因素？」

她沒想太久，很謙虛地回答：「可能是我比較厚臉皮，比較好意思請別人幫忙吧！哈哈！」於是Joan回溯了她當初是怎麼找到現在這份理想工作：這個職位是她很久以前就設定好的目標，在輾轉得知這家公司釋出了亞太區行銷主管的職位後，她並沒有急著向獵人頭公司投履歷，反而請朋友介紹她和這家公司其他部門的主管認識，和對方就「這個職位需要什麼樣的人才」、「行銷上要怎麼做更能為公司加分」、「這家公司相較於競爭品牌的主要優勢」等話題交換意見，沒想到，兩個人聊得很愉快，對方主動表示樂意幫Joan把履歷直接轉發給全球主管，讓她得以在**對的人**面前爭取到工作機會。

在「一步一腳印」、「按部就班」等東方價值觀中長大的我們，乍聽之下，或許會覺得「這完全就是走後門嘛」，但在國際職場上，為了突破職涯瓶頸，主動尋求協助是相當普遍的。

許多人覺得求助是一個「示弱」的行為，關於這個迷思，美國前總統歐巴馬在某次對學生的演講中，提出了很好的說法：「不要怕提問。當你有需要的時候，不要怕求助。這是我每天都會做的事。求助並不是懦弱的象徵，反而是力量的展現。因為，它顯示出你有承認自己不知道某些事，以及學習新事物的勇氣。」[1]

1 可參考Elana Lyn Gross 於二〇一六年撰寫的推特文章〈How Asking For Help The Right Way Advances Your Career〉。

和不同的國際人士共事多年後，我也慢慢從剛開始不好意思麻煩別人，事事埋頭苦幹、自己搞定的處事風格，逐步養成主動尋求、整合資源和協助來解決問題、達成目標的習慣。為什麼會有這麼大的改變？主要是這些年來，看懂了「求助」非但不是示弱，反而能為在國際職場發展的我們帶來許多好處：

有來有往、累積人脈存摺

任何人與人的關係，都是在一來一往中慢慢建立，當我們開口主動尋求協助，不但給了自己一個解決問題的機會、更拉近了和其他人的距離。在職場上，當你成功地建立能夠有效溝通、主動求助、解決問題的形象，別人來找你求助的機會也會越來越多，而人脈存摺也將在一來一往中涓滴累積成一片汪洋。

強化能見度和積極度

一個事事都不願意麻煩別人的人，未必能在職場得到最佳人緣獎，往往是懂得有效溝通、求助的職人，能展現自己願意一試再試、解決問題的積極度，也會在執行的過程中被更多人看見。

發揮團隊潛力和綜效

身為主管，什麼事都自己跳下來做，反而會阻礙團隊的成長；如果能巧妙地向同事求助，才能讓團隊有更多「磨劍」的機會，發揮更大的潛力。而身為團隊的一員，懂得求助的好處是，當你把自己不擅長、不了解的問題丟出來讓比你擅長的人接手，可以讓整個團隊發揮綜效，在更短的時間內，打造更好的成就。

另一方面，多數資深國際職人，會認為能夠有效求助的職人比較有團隊精神——至少他們把「做好每一件事」看得比自己的面子重要。

那麼要怎麼做才能有效地求助呢？以下是我這些年來的一點觀察：

在職場和生活中發展真誠的關係

雖然適度保護自己很重要，但我一直相信，不管是在職場上和生活中都應該要努力以真誠的面目和別人相處與溝通。在職場上這麼做的好處不僅在於能夠無愧於心地追求目標，隨著歲月的累積，你會發現，伴隨著工作上的成就一併增長的，還包括厚實的人脈基礎、能夠隨時彈性運用的資源和一呼百諾的號召力。

養成主動幫助別人的習慣

不管是在本土或國際上，相信多數的職人都能「盡到自己的本分」，但是能夠「做好自己分外的事」、「主動幫助別人」的職人卻少很多。也因此，願意這麼做的人，能夠在提供別人助力的同時，贏得信任與好感度。這裡並不是希望大家當個濫好人，而是鼓勵大家在行有餘力時，選擇能夠發揮自己專長、為團隊加分的事來做，爭取多贏的結果。

況且，如果你有幫助別人的習慣，在需要求助時，不管對自己和別人來說，應該都會容易、自在很多。

溝通時明確地表達自己所做的努力

A員工：「我們原本打算做ABC，但是遇到了XYZ，然後現在的狀況是OPQ……」

B主管：「所以我可以怎麼幫你呢？」

如果你是主管，上述的情境應該總碰過幾次吧！在職場上，能夠有效求助是一項很重要的能力。在這個大家比忙，多數人必須同時處理不只一件事的時代，誰能清楚的說出自己需要什麼樣的協助，就越有機會更快速的獲得更多資源。

如果A員工用以下的方式來溝通，相信效果會更好。「我們目前遇到了一些狀況，因此，在目標不變的前提下，有三個主要的方案分別是A、B、C，而需要您協助的部份是XYZ……」

當然如果這位員工在求助時，可以技巧性地簡短說明面對當前的狀況，自己做過哪些努力就更理想。在求助的同時，向求助對象展現出自己的努力，相信可以大大提升讓對方幫助我們的意願。

讓別人在幫助你的過程中有所收穫

在職場上，最理想的求助方式是能創造共贏。有許多的方法可以達到這樣的結果，包括讓給予幫助的人有愉快的感受、公開表達感謝，並和幫助者一起分享成就，或是透過這項合作讓幫助我們的人在專業上也有所提升。別忘了，求助只是個過程，在不斷提升關係的前提下解決問題、達成目標才是最理想的結局。

關鍵思維

學會有效求助，對於在國際職場上的發展會有很大幫助。以下幾點是關於求助的重要基礎：

1. 在職場和生活中發展真誠的關係；
2. 養成主動幫助別人的習慣；
3. 溝通時明確地表達自己所做的努力；
4. 讓別人在幫助你的過程中有所收穫。

14／在國際職場，這樣說話才得體——四個國際溝通態度，打造高效形象

「最近這幾年，不管是科技、金融、消費品等不同領域的領導品牌都紛紛對印度籍主管委以重任，你覺得原因是什麼？是因為他們的英文表達能力比較好、彼此會互相提拔自己人？還是有其他的原因？」前陣子藉著去幾家矽谷公司參訪的機會，也和當地的朋友喝杯咖啡，順便提出了自己一直很好奇的觀察。

用「我可以」取代「我試試」

在矽谷知名軟體公司擔任主管將近二十年的朋友不假思索地說：「我覺得關鍵

不在於語言的能力，而在於溝通的態度。」

他舉了個例子：如果主管指派一項艱鉅的任務，來自台灣或中國的員工可能會評估一下自己目前的工作或是過去的經驗再回答：「我會盡最大的努力。」（I will try my best.）；而多數印度的同事，則多半不管自己手上有沒有其他工作或是否具備相關經驗，通常會回答：「沒問題！我來搞定！」（No problem! Consider it done!），他們習慣先把責任攬下來，轉頭再把部分工作「發包」給其他同事。

如此面對問題或挑戰的積極態度，即便最後做出來的成果稍稍不如當初說「我試試」的人，卻能有效累積出積極、有擔當的領導者形象，自然而然為自己提高能見度，也一步步拉近了自己和主管的距離。

在國際職場**多用「我可以」取代「我試試」**，並不代表應該凡事不分青紅皂白先說「Yes」、或是應該當個踩著別人往上爬的「承包商」，而是建議大家都可以學習面對艱難的挑戰或是新的任務時，第一時間拿出十足的信心和氣場扛起責任，即便這中間有著困難、不確定的因素或其他工作的干擾，我依然認為，說「我很樂意接下這個任務，但是在○○方面，或許需要向您請教」或是「很榮幸能負責這項專案，但是到時候，在人力資源的調度上可能需要您的協助」會比說「我盡量試試，因為手邊還有好幾個專案同時在進行」聽起來有擔當、有高度許多。

因為**在國際職場的字典裡，沒有「我試試」只有「我可以」，沒有「做做看」，只有「會做好」**！

除了多用「我可以」取代「我試試」之外，還有哪些國際職人應該要有的溝通態度呢？

用「為什麼」取代「沒問題」

Linda：「今天和新客戶聊得很愉快，他們感覺很積極，一直問我們最近有沒有可能辦記者會，雖然先答應客戶我們會討論一下可行的作法，但其實我很疑惑，因為他們公司過去都很低調……」

我：「你有問客戶為什麼嗎？是不是跟前一陣子的併購有關？他們在併購後有打算重新定位品牌嗎？過去一直『穩穩、低調地賺』，現在卻變得比較積極，是因為面臨什麼挑戰嗎？還是有什麼新的目標要達成？」

在職場上能做到「以成功為前提」的態度擁抱挑戰和任務當然很棒，但這不代表接到任何工作都只能一口答應。

像上述這樣的場景，過往十幾年間，經常在我和工作夥伴們的對話中發生，我認為先問「為什麼」是每一位國際職人都應該具備的素養，不管你所接獲的指令是寫一份報告、做一個報表、安排一場餐敘……不妨訓練自己透過一連串的提問和觀察找出做這件事的真正目的，這樣有助於提升自己的思考高度，並且把時間和精力投資在真正對目標有益的事情上。

在國際職場上，能夠贏得工作夥伴、客戶、甚至競爭對手的尊敬的，往往是那群懂得策略思考、先問「為什麼」的人。

用「謝謝」取代「抱歉」

客戶：「請問為什麼最近的文案風格和之前差這麼多？我不太喜歡這樣的風格！」

Lucy：「不好意思，我們會立刻檢討並且做相關的調整。」

Lucy 的主管看了她的回覆後說：「我記得之所以做文風的調整，是基於上次會議的結論——希望能吸引更多年輕人的注意，為什麼沒有提醒客戶這個原因，卻只說 sorry 呢？」

Lucy：「上次開完會後，已經提供了會議記錄，我想她已經知道了，所以沒有再重複一次，然後她剛才的口氣聽起來很不高興，所以我想先道個歉，至少讓氣氛緩和一些。」

主管：「或許客戶的語氣聽起來很強勢，但是妳道歉了半天，其實並沒有解決她的疑惑，與其輕易道歉，還不如技巧性地提醒她，文風的改變來自於上次會議大家的共識，並且再次確認「吸引年輕人」的目標是否不變，比較有建設性吧？」

我十分同意上面那位主管「沒有錯誤不用輕易道歉」這個觀點，因為**對許多國際職人來說，一個動不動把「抱歉」、「不好意思」等道歉用語掛在嘴邊的人，不但不會顯得有修養，反而會讓人有缺乏自信的聯想**。

那麼如果想讓氣氛緩和，或是建立關係，要怎麼做呢？**試著多說「謝謝」**。當別人對我們的觀點提出質疑，謝謝他的回饋；當別人對我們提出更高的要求，感恩他的期待；當別人挑戰我們的成績，更要感謝他為我們帶來成長的機會。

面對職場上的不愉快、挫折或挑戰，用「謝謝」取代「抱歉」，能夠讓我們用不卑不亢的態度、平起平坐的高度以及謙和的修養，在國際職場上更順利地溝通和立足。

用「我建議」取代「該怎麼做」

自從當主管後，每當分配完任務，最常聽到的第一句話就是「我從來沒做過類似的任務，要怎麼開始？」、「如果……怎麼辦？」隱含著不安、驚恐等一堆以問號結尾的問題。所以每當有人在全盤思考後，帶著問題和建議出現在我的辦公室門前，總讓我欣喜不已。

許多人以為，所謂的國際職場就是換個不同的國家上班，我卻認為，除了在工作中有機會和不同國籍、文化、背景的職人們共事、交流外，**要在國際職場上站得穩，首先要能夠「照顧自己」，以及「表現得像個大人」**，換句話說，與其等著主管來或同事來告訴自己「該怎麼辦」，不如自己做足功課後，找方法、找資源；與其六神無主地問著「該怎麼做」，不如信心滿滿地說出自己的看法，像是「我建議……」。

雖然能有所學習是一份理想工作的基本條件，但到位的國際職人都知道——貢獻和參與才是國際職場的門票，而每個人都該為自己的學習和成長付出完全的責任。

關鍵思維

在國際職場上求發展，學會以下的溝通態度，有助於提升自己的專業形象：

1. 用「我可以」取代「我試試」；
2. 用「為什麼」取代「沒問題」；
3. 用「謝謝」取代「抱歉」；
4. 用「我建議」取代「該怎麼做」。

15／地獄設計課教會我的國際職場溝通術——積極表達才算真正「參與」，最高境界是能夠「收放自如」

「妳為什麼會用這個顏色，我不確定自己會喜歡這個選擇。」（Why did you use this color here? I am not sure I like this choice.）、「放這個符號背後的邏輯是什麼？和設計主題的相關性似乎很低。」（I don't quite understand the logic behind this icon. The relevancy seems low.）

在平面設計的課堂上，二十幾位教授和學生們此起彼落地對剛發表完設計作品的人提出意見、問題和挑戰，把鏡頭拉近，你會很驚訝地發現，那個站在教室最前面、一臉心虛、氣場弱到沒辦法捍衛自己作品的女孩，竟然是我——多年後到處演講、經常在國際場合發表意見，甚至為了捍衛客戶或團隊立場不惜大聲說話的台版米蘭達！

二十多年前，剛到紐約念公關的我，在語言不流利、軟體不熟練的情況下，修了人生的第一門設計課。雖然自己不是設計科班出身，但靠著一天到晚泡在研究室裡苦練，再加上厚著臉皮跪求助教幫忙，好不容易掌握了幾個主流的設計軟體，焚膏繼晷地做出了自己還算滿意的作品。

沒想到交出作品後，真正的考驗才開始，十幾個英文比我流利、設計能力不賴、口才超級好的人，嚴肅地檢視我的作品並提出批判。而站在台上的我，不但舌頭打結，提不出有力的反駁，甚至默默覺得其他人批評得很有道理……

事實上，這樣難堪的場景不只出現在設計課，更是我在美國求學時期的縮影。除了實作與思考並重的設計課，研究所的其他學分多是強調策略思考與表達能力的理論性課程，而除了筆試成績和報告表現，在課堂上參與討論的頻率以及對於團隊的貢獻，更會大大影響整體的成績。

這樣的評估機制，讓我在研究所的第一學期，每天都要深呼吸才能鼓起勇氣走進校門，但也因為這樣無比痛苦的文化衝擊，逼得我一點一點開拓視野，突破過去乖乖聽話、關起門來思考、學習、完全準備好或輪到自己時才表達意見的習慣，在一次次爭取發言機會的過程中，聚足坐上會議桌的條件與勇氣。

這段多年後想起還是冷汗直流的回憶，是在東方文化中長大的我第一次學習西方的溝通方式，也讓創業前，一路都在外商公司奮鬥的我，建立起職場溝通的第一個框架。

會想起這段過往，是因為前陣子在洛杉磯待了半個月，剛好有機會和長期在美國各地發展的職人們討論：擁有哪些特質，才能在職場上吃得開？

在一來一回的交流中，觀察到幾個東西方的職場差異，也發現其中最大的不同，莫過於對於「溝通」的認知，以下是幾個多數人都同意的觀點：

出席會議、討論或任何活動，不光是人出現就夠，而是需要積極發言，才算是真的有「參與」

「我認為想在國際的工作環境中吃得開，最重要的就是透過參與，爭取自己在許多事情上的話語權和一席之地。」（I think the most significant difference is understanding the true meaning of having a seat at the table.）先後在四大會計師事務所和企業會計部門擔任主管的Cathy說。

在多數的美國企業中，當一個人被邀請參加一個會議或討論，就表示無論階級高低，他都有發言的權利和義務，而且最好事先做好充分的準備。因為能夠表達自己的觀點，說明了這個人願意為團隊做出貢獻，也能夠與團隊合作。

和團隊一起工作是對職人的基本要求，有跨界整合能力的人最吃香

「成功的國際職人善於和不同的人合作，也不吝惜提供有建設性的建議和批判，他們讓合作的對象如沐春風。」（The most successful people I've seen are those who make working with them a great experience. They are great at what they do and are open to give feedback and effective critique without sounding critical.）

在舊金山灣區的科技公司負責使用者體驗的Felicia和好幾位在美國職場奮鬥朋友，都不約而同地提到團隊合作的重要性。

一個人的專業雖然是幫助他得到工作的墊腳石，但人際溝通才是長期發展的重要競爭力。

其中，能夠讓來自不同地區、專業背景及文化底蘊的人一起工作、發揮團隊效益，更是一項值得看重的領導者特質。而一位好的領導者必須善於傾聽，才能整合跨界的人才。

積極表現自己、打造自我品牌很重要，而這往往讓東方人感到吃力

「不管在哪裡工作，溝通力都非常重要。一個領導者或許不見得在專業知識上比下屬強，但他一定需要良好的溝通能力。」（Communication skills are important everywhere. You could rise to the top without hard skills, but you can’t without good communication skills.）

我的美國職人朋友們一致同意，「溝通力」對於想在美國職場成為領導者的職人們來說，比專業能力更重要。

由於教養環境不同，多數的東方人在會議或團隊合作的場合習慣保持沉默，這多半是因為禮貌、沒意見、怕說錯話或沒興趣給反饋。

不管原因是什麼，美國人通常認為「安靜」是缺乏自信或是對工作沒熱忱的表現，而一旦任何人在職場上產生了這樣的「品牌印象」，對於他的專業形象和職涯發展絕對有害無利。

因此，許多美國職人在不同場合搶著發言，或是主動解決問題的動機，多是為了表現對其他參與者的尊重、營造自己積極為團隊貢獻的品牌形象，並且為邁向領導者之路鋪墊。

從這些美國職人口中，不難發現，在這個文化框架下的職人們，很鼓勵「積極表現」的特質，很多時候，能不能大方有自信地表達自己的觀點，甚至比工作的實質成績或發言的內容深度更重要。

但這也讓我有了以下的反思：

西方鼓勵發言的文化有助於逼迫自己積極思考和參與討論

在台灣土生土長的我，剛到國際場合求學及工作時，很不習慣一聽到某個觀點、某份小組報告，或是某個新的發現，就立刻提出自己的意見或反饋。

在還沒有太深入接觸西方文化前，「謀定而後動」一向是我在團體中與人互動的準則，然而，為了在課堂或會議上「求生存」，只好逼自己在一接收完訊息後，無論如何都要擠出一、兩句意見。

久而久之，從剛開始為了發言而發言地勉強吐幾句話，到後來越來越習慣在接受訊息的同時也一邊思考。這樣的訓練，讓我能夠在接受訊息的當下，就精準地掌握重點，並且快速判斷訊息的正確性或優缺點、「無縫接軌」地提出自己的想法。

而在自己後來有機會經常主持會議、進行演講或是教育訓練，成為站在台上的主講人後，更是完全了解為什麼當年那幾位積極發表意見的同學和同事，總能贏得教授或主管的青睞、取得亮眼的成績，因為積極地發言，會讓講者或是其他參與討論的人更感覺受到重視，也為團隊帶來更多活力。

內涵和表達一樣重要，不應該為了說而說

積極發言當然是件好事；但我一直相信，好的內容加上適合自己的表達方式，才能形成有力的溝通效果。

在台灣或是其他東方社會許多職人共同的問題，往往是習慣先思考才能在眾人面前提出自己的想法，那麼不如事先做足準備。

例如，在公關公司經常針對新的提案邀請大家一起開「動腦會議」，通常會事先公布討論的主題，如果你對於相關的議題不了解，可以在會議前先做一些研究，帶著想法、建議或問題，在會議上從容地貢獻自己的腦力。

在多次和國際團隊合作或「交手」的過程中，我發現西方文化中長大的職人們或許能夠輕鬆地在會議上暢所欲言，但習慣謀定而後動的東方職人們，經常是提出最佳觀點的人，為什麼？因為我們總是有備而來。

了解東西方職場文化的差異，才能收放自如

如前所述，不同的文化，本來就沒有絕對的好與壞，再加上近年來國際市場東移，越來越多人理解、尊重東方的職場文化。

相較於直來直往、積極表達的西方上班族，擁有東方文化底蘊、理解東西方差異的職人們，更可以拿出不同的溝通風格，因應不同的場合、氛圍、目的。這種收放自如的功力，讓來自東方的職人們，又多了一種在國際場合發光發亮的本錢。

關鍵思維

不管出席會議、討論或任何活動，不光是人出現就夠了，而是需要積極發言，才算是真正的「參與」。

第三章

想站穩國際職場，讓這些細節成為你的力量

16／良好的溝通是進階版的時間管理

「你還好吧？」經過Gary的位子，看到剛跟客戶通完電話的他愁眉苦臉的，忍不住上前關心。

他無力地說：「這次和國外策略夥伴的比稿超不順，光是投影片的格式就改了十次，每次換格式就得調整文字和圖片的相對位置，再加上對方始終不能認同台灣給的創意，一直要我們改，提案小組已經加班討論了好幾次，還是沒有辦法跟對方達成共識……」

Gary是公司培養很久的一位同事，他因為邏輯和語言能力都強，最近剛被升成小主管，開始負責跨市場的聯繫，也擔任公司幾個國際級大客戶的主要聯絡人，最近經常看到他一臉厭世地坐在位子上趕案子。

我感覺是時候來場和時間管理有關的「對話」了。於是手沖了杯咖啡遞過去，順便問他：「最近一天到晚看到你擺出這個臉，怎麼了嗎？」

他：「最近事情太多了，上個星期是客戶不斷改臉書文案、前天是設計師怎麼都抓不到客戶要的感覺，然後這幾天又是跨市場的比稿很不順……」

我點點頭表示認同：「你剛升官，責任變重，的確是需要調適一陣子，但是你有想過要怎麼度過這個『陣痛期』嗎？」

這次 Gary 倒是答得很快：「我應該要加強時間管理，畢竟跨區域的整合，或是科技業的客戶我都剛接觸，比較熟悉後，速度應該可以快很多。」

我：「熟能生巧、縮短每一件事的作業時程是最基本的時間管理方法，但我認為，當一個人從執行者慢慢往領導者的方向前進，更應該『養成思考的習慣』。」

接到任務先想想「為什麼」

「哦？」看到他一臉狐疑，我知道自己成功引起了他的好奇心，接著解釋：「就拿你前幾天跟客戶為了臉書的文案來來回回討論半天這件事來說，你覺得問題的癥結在哪裡？」

Gary聳聳肩：「客戶覺得我們第一版的文案太四平八穩，之後幾個版本又太年輕，更鳥的是，改了好幾次後竟然回頭選了最早的那一版……」

我：「你有沒有想過，客戶不是不講理、沒sense的人，為什麼明明一開始要我們寫得比較年輕，後來還是選了比較正式、專業的版本？」看到Gary沉默幾秒鐘沒答話，我接著說：「有沒有可能是客戶原本覺得臉書粉專的文案，就是要接近年輕人說話的口氣，所以要求我們寫活潑一點，但後來看到了年輕版的文案，才發現其實那對他們的粉絲來說其實很跳tone？」

Gary若有所思：「有可能。所以客戶考慮再三，還是回頭選了我們最早的文案，因為當時我們就是考量到粉絲的特質才會建議用那樣的口吻跟他們對話。」

我：「你們能先想到這一點非常好，但客戶要求改文案時你有在第一時間問客戶『為什麼』嗎？還是立馬埋頭苦幹地改？」

一點就通的Gary飛快地回答：「因為時間已經很趕，所以我掛掉電話就把團隊找回來，請大家各自去發想新的文案，**但如果我多問一句『為什麼』，搞不好客戶會有不一樣的想法**，甚至整個文案都不用調整了！」

我：「沒錯！你不但有機會省下來回修改的好幾個小時，更重要的是，你在客戶心目中的『品牌形象』會從一個很能幹的執行者，慢慢進階到很有策略思考能力的合作夥伴，花更少的時間，得到更好的結果，不是很棒嗎？」

懂得借力使力，才不用費力

Gary 原本臉上的陰霾慢慢散去了些：「我可以再問一個問題嗎？前陣子還有一件事情很困擾我，那就是在一個大的專案中，客戶要我們跟這個專案的其它幾個廠商直接溝通，我們試著打了電話，也發了 email，最後終於找到對方，結果也差強人意，但實在太浪費時間了，有沒有什麼辦法可以比較有效率地處理這件事？」

「我猜這幾個合作單位應該都不是公關部門發包的吧？」看到 Gary 一臉「你怎麼知道」的表情，我想自己猜對了，所以接著說：「如果是我的話，接連兩、三次和對方溝通不順利，就會立馬把溝通的過程和結果寫封 email 記錄下來，寄給客戶以及所有相關單位，我相信客戶看完你的 email，為了促成滿意的表現，一定會跳出來在內部溝通這件事，我們也不需要花這麼多時間「奪命連環 call」了。

Gary：「難怪那時候客戶一天到晚提醒我們要隨時update他相關的狀況，而且一定要同時寄給副本名單上的所有人……」

我：「對！就是這樣！**遇到問題多溝通當然很好，但更有效率的方法是先搞清楚一件事的脈絡——『誰能作主』，並選擇『對的人』溝通，才能借力使力，把寶貴的時間和精力花在『刀口上』**。」

要有自信，別把自己做小了

Gary：「同意！像這次比稿弄了這麼久，我覺得有個問題是負責統籌的人搞不太清楚狀況，導致大家浪費很多時間鬼打牆，如果當時我們能找機會跟他的主管直接溝通，說不定可以做得又快又好！」

「很聰明！但你知道還有另一個重點嗎？」看到Gary有興趣想聽下去，我接著說：「要有自信！我們不能奢望每一位主事者都很有時間和專案管理的能力，但身為一個專案或比稿的參與者，你擁有一定的話語權，尤其當你有讓工作流程更順利的建議（例如先把格式訂出來，再由各個市場來填寫內容，比一開始就讓大家自由發揮，會有效率很多），完全可以主動提出來，別把自己做小了。」

Gary恍然大悟地說：「所以當他們對我們提的案子有意見時，其實我們應該主動說明台灣這個市場的特殊性，以及我們為什麼建議這樣的作法，而不是直接照著他們給的方向來改？」

「Excellent! 比稿的目的就是為了要贏，如果你堅決地認為我們的看法比較符合這個市場的需求，當然該主動提，別忘了，你才是提案團隊裡最了解台灣的人。」

Gary：「理解，下次我要來試試這些不同的做法！」

看到他原本緊繃的表情已完全放鬆，我打趣地問：「你知道除了時間管理和有效溝通外，還有另一件會影響工作表現的事是什麼嗎？」

「什麼？」Gary不假思索地問。

「就是健康管理，準時吃飯、好好照顧身體！走啦！吃飯去！」一邊催促著Gary一起去吃飯，我一邊想著待會可以順便聊聊，建議有心前進國際職場的他最好能早早把上面那些溝通和思考的能力準備好。

關鍵思維

熟能生巧只是最基本的時間管理技巧，想成為進階的國際人才，應該要學會問「為什麼」、懂得借力使力以及自信地溝通，才能有高效能的工作表現。

17／A small talk is not small at all.——「閒聊」是贏得好感的關鍵

Tim：「設計部的Allen很誇張，我明明按照公司的SOP詳細地寫了委託單，也當面跟他交代了客戶的需求和這個案子的急迫性，但他就是拖拖拉拉的，好像沒把這當一回事！」

我：「你和他有什麼交情嗎？如果沒有，他為什麼要優先處理你交代的事？」

Tim一臉不解：「不是很熟。但按照時程做好設計不是他應該要做的嗎？這不就是公司請他來的意義嗎？為什麼非要有交情才願意做好自己的本分？」

Tim這樣的認知理論上完全正確，和年輕時滿肚子理想主義的我一模一樣，但職場的現實是——多數人願意幫助你，往往是基於他們對你的「喜歡」或「好印象」，而不是他們「應該」這麼做。

閒聊是贏得好感的第一步

在台灣土生土長的我剛出國讀書時最不習慣的一點是，不管是在餐廳點餐、到銀行開戶、尋求助教的協助、跟教授討論問題，當我客客氣氣以「不好意思」為開場白時，我的老外同學總是笑嘻嘻地問對方：「How are you doing?」或是「What's up?」，開開心心地聊一會兒天，才正式說明自己的來意，剛開始我心裡質疑著這麼做的必要性，但不久之後，我也加入老外們「先閒聊再談正事」的行列，畢竟多付出一點點時間和笑容，通常能得到更多善意和額外的建議，並在把事做好的前提下，贏得長遠的關係。

多數時候「關係」在國際職場中更是成功的關鍵要素。就我自己的經驗而言，許多時候，所謂的工作夥伴是為了一個專案所組成的臨時工作小組，這些人來自不同的市場，並沒有過去朝夕相處所累積出來的交情，同時手邊又有多重任務，所以大家能不能擁有良好的工作默契，一起達成目標，除了每個人的責任感之外，更取決於專案領導人能否和每位成員培養正面的關係，創造愉快的工作氣氛。其中，懂得「閒聊」往往是贏得好感、培養關係的第一步。

為了印證自己上述的認知，我訪問了幾位來自不同行業但都在國際職場長期耕耘的朋友，和他們聊聊關於**「一個人的閒聊（small talk）能力對其職涯發展的重要性」**。

從事金融業，經常需要和客戶談判協調的Joyce認為：「閒聊是個能拉近距離的好方法。在開始談正事之前，分享一些經驗、興趣……有助於了解你的溝通對象，增加會議成功的機會。」(In order to advance in career, one has to be able to communicate with people. Small talk is a great way to pull relationship closer. Instead of going directly to the point, sharing some experience, some interests first helps to know people you need to communicate with and increase the chances of successful meetings.)

我的超級業務同學Dave說：「有意義的對話就是資訊，而資訊能讓一個人在公司裡超越同事、得到更好的發展機會。許多企業高層未必是全公司業績最好或最努力工作的人，但他們通常都有透過對話取得資訊的能力；換句話說，閒聊是在職涯發展上的重要的技能。」（A meaningful conversation equates to information. By having that information, you have an advantage to be one step ahead of your fellow coworkers. This might land you a better opportunity within the company. Look at most of the upper managements, they're not necessarily the best sales people or the most hardworking people in the company. But they all have one thing in common-a skill to conversate with people to gather information. Knowing how to start a good conversation is a "skill set".）

經常需要參與大型國際會議，貼身觀察CEO們的Chris覺得：「閒聊可以讓人了解工作面向以外的你，例如你的好惡和世界觀……它能讓你的主管、同事，甚至難得見到的公司高層主管對你留下深刻的印象。所以『閒聊』比我們想像的重要很多。」（Small talk is a way for people to see your personal side. What you like, you don't like and world views, etc. You can impress your supervisors, colleagues or high up leaders you don't get to see often with a small talk. Small talk is sometimes not small at all.）

既然多數國際職場的朋友都認為閒聊是在職場求生存、求發展的重要因素，我們接著討論了「要如何培養閒聊」的能力，畢竟多數和我一樣在台灣土生土長的職人們，在成長的過程中並沒有意識到「閒聊」的重要性，而是在進入職場幾年，甚至開始帶人後才認知到這件事的重要，並努力鍛鍊自己不發達的那塊「肌肉」，而以下是我們的幾個共識：

抱著好奇心和熱情完全投入

對許多習慣埋頭苦幹研究問題的人來說，和不熟的工作夥伴或是第一次見面的人閒聊，比寫一篇論文還難。如果是這樣，不如把對方當做一個研究對象，拿出最大的熱情來了解他，用對於新事物的好奇心，取代面對不確定性的焦慮；與其不斷揣測「對方會有什麼反應」、「這樣忽然開口會不會很奇怪」，不如讓自己百分之百投入當下的情境，試著享受這一場「遊戲」，就算效果不如預期又如何？只要願意，人生和職場多的是練習機會。

誠懇傾聽和勤做筆記

「和自己有關的事」是多數人最喜歡的話題。就算你不善交際，只要能誠懇地傾聽、展現興趣並適度回應，也能跟對方好好聊天。除此之外，不妨在每次閒聊後拿出筆記寫下關於對方的重要訊息，例如：有幾個孩子、分別多大、是否有養寵物、孩子或寵物的名字……這有助於在每一次的閒聊中持續累積好感度和關係，而不是每次聊天都「重頭開始」。

事先準備好話題和問對問題

多數人和不熟的人聊天時，都會有一點緊張，但事先做點功課，準備好「口袋話題」能幫助我們在社交場合「快速開機」，更自在地透過閒聊來交換資訊、累積人脈。除了天氣、經濟、美食、來自哪裡等安全話題之外，問問對方工作的內容、為什麼會來到這個場合、對於會議討論主題的看法等「開放性問題」，也是很好的閒聊起手式。

培養自己的興趣

在多數的場合，閒聊總是從天氣這類最有距離和美感的話題開始，直到「暖場」後，大家有了三分的熟悉度，話題就會從每個人的工作，慢慢進展到更私人的領域，例如家人、寵物等，而「興趣」是相當適合這個階段的話題之一，而如果擁有一、兩個主要的興趣，除了能讓自己在閒聊時不「冷場」，更有助於在談笑間，塑造自己的品牌形象，讓別人留下較深刻的印象。

刻意練習

想駕馭任何技巧都需要不斷練習，閒聊也不例外。如果你和從前的我一樣，一想到要和不熟悉，甚至不認識的人閒聊，就頭皮發麻，不如積極幫自己設定目標，例如，每一週在職場上跟一位不熟悉的同事或工作夥伴閒聊、每個月參加一次社交活動、每次參加活動一定要主動跟三個人說話、有計畫地蒐集閒聊話題……相信一定能在不久的將來克服閒聊恐懼症，甚至開始在職場中享受閒聊的樂趣。

關鍵思維

多數時候，在國際職場中成功的關鍵要素之一是「關係」，而懂得「閒聊」往往是贏得好感、培養關係的第一步。透過以下這些方法，能夠自我鍛鍊閒聊肌肉：

1. 抱著好奇心和熱情完全投入；
2. 誠懇傾聽和勤做筆記；
3. 事先準備好話題和問對問題；
4. 培養自己的興趣；
5. 刻意練習。

18／善用情緒，讓溝通更有力量

「看到這樣的提案，坦白說我很失望，我們大家合作這麼多年了，還提出這種陳腔濫調的東西，我必須說，實在很不認真！」

一次討論公司年度大展的電話會議中，客戶的區域主管Alice沒能耐心聽完團隊的提案，就搶先發難，對提案投下反對票，會議的氣氛立刻從起初互相問候的熱絡，硬生生變成連根針掉下來都能聽得一清二楚的安靜冰庫。

「Alice，謝謝您的建議，我們理解您的擔憂，但我也希望您能了解，這個提案的目的是透過活動設計，引起最多消費者的關注，而根據過去這麼多年的觀察，我們認為這樣的方式是最有效的，因此討論出這樣的提案，當然如果您也同意這個大方向，我們很樂意加強創意的發想……」，每逢尷尬靜默，就是我這個不怕死的人，跳出來「破冰」的時刻，在一番努力打完圓場後，Alice和團隊終於在結束會議前，針對專案的下一步達成了一些共識。

會議一結束，剛接受完「震撼教育」嚇得一身冷汗的Jennifer馬上湊過來心有餘悸地說：「剛才Alice超兇的，好可怕！但我還是搞不清楚我們到底做錯了什麼，明明提案的方向是跟Alice的同事討論過的呀？」她一邊表達自己的害怕和不解，一邊對於我總是能在「發狂的獅子」面前不疾不徐地講道理佩服不已。

Jennifer只感受到了客戶的怒火，但她沒有看出來更重要的兩件事，第一：Alice發火的對象是被她指派負責這個專案的同事，而不是聽令行事的代理商團隊；第二：Alice其實沒有她所表現出來那麼生氣，而是希望藉由生氣的情緒，讓團隊皮繃緊。

在國際職場上，情緒經常是用來激發職場表現的工具

果不其然，我一走出會議室，就收到Alice的訊息，說明剛才自己只是在大家面前「演一場戲」，希望我們別介意。

為什麼我在會議中就能「秒懂」Alice的意圖？因為這樣的場景，在過往二十幾年來著實見識不少。透過展現情緒來激發團隊潛能，是在國際職場中經常被運用的領導技巧。Alice在電話中展現怒氣，希望能讓團隊皮繃緊，拿出更好表現，無獨有偶的，我曾經的頂頭上司Kevin也很擅於用嚴肅的表情、咄咄逼人的態度、三天兩頭提出一個接一個的問題，來確保不能搞砸的重要事情被穩當地「照顧」好。

許多時候，苦口婆心地叮囑大家「這很重要，一定要做好」或是「麻煩再加油一些」，不如拿出情緒和實際行動，更能推動並成就職場上的卓越表現。

選擇性的示弱，有助於凝聚團隊的向心力

許多人認為，要能做到「喜怒不形於色」才能保持領導者強悍又專業的形象，我則是覺得有些時候展現自己的脆弱，不但不會讓領導風格扣分，反而能夠幫助領導者得到團隊的支持，並且讓團隊更有向心力。

例如，臉書營運長雪柔・桑德伯格面對丈夫驟逝，第一件做的事情，是告訴自己和一雙兒女：「妳可以感到悲傷。」（It's okay to feel sad.）她不只一次在社群媒

體或採訪中透露自己悲傷的心情，甚至寫了《擁抱B選項》（*Option B*）這本書來分享自己的心路歷程，相信她的工作夥伴，非但不會認為雪柔是個懦弱的人，反而會敬佩她的堅毅，也更願意在工作和生活上支持她。

而面對團隊成員的離去、客戶的誤解、雖然非常努力卻仍然不盡理想的工作成果，過去的我總是習慣逞強裝沒事，但在國際職場和幾位優秀的領導者共事後，我學習到面對職場上的重大挫折或失去，領導者展現悲傷的情緒，甚至掉幾滴眼淚都很健康，甚至有團體心理治療（group therapy）的作用，在悲傷過後，擦乾眼淚、再接再厲，團隊的力量會更強大。

情緒是管理的好工具，但首先要控制好它

看到這裡，你或許鬆了一口氣，覺得自己再也不需要很用力hold住自己的情緒，但上面所提到的重點並不代表領導者碰到生氣的事可以不受控地在職場上罵人或宣洩情緒。

在職場上有情緒時，與其努力壓抑住它，搞得團隊不清楚自己在想什麼，倒不

如深呼吸，冷靜思考在這樣的情境下，是不是應該要適度地表露情緒，讓團隊更了解內心的真正想法，或是自己是一個怎麼樣的人？情緒會是阻力還是助力？

情緒是很好的領導和溝通工具，但首先我們得學習的是，當情緒來臨時，如何快速從情緒中抽離，退一步覺察它、分析它，並決定要怎麼管理並且使用它。

關鍵思維

在職場上，有時候一味地壓抑情緒，不如適度地展現它。善用情緒，它會成為很好的領導和溝通工具，面對他人情緒時也是如此，在自亂陣腳前，我們應該先退一步覺察對方情緒背後的行為動機，再決定如何與之應對。

19／怎麼回答對方都不滿意？是你不懂「換位思考」

案例一

設計：「請問您下週三下午兩點是否有空開個會？」
客戶：「下週三不行哦！下週二同一時間可以嗎？」
設計：「不好意思，這個時間已經有約了哦！」
客戶：「那下週五的早上十一點呢？」
設計：「因為我們早上十點已經有約了，所以怕來不及。」
客戶（語氣已經明顯不耐）：「所以，請問除了週三下午兩點之外還有其他時間選擇嗎？」

案例二

客戶：「總部忽然要求我們今天下班前提供一份活動成效的分析報告，麻煩你們幫忙盡快處理一下！」

Kris：「不好意思，我現在在外面辦活動，可以等我晚一點進公司之後，再提供給您嗎？」

客戶：「可以麻煩你請其他人支援嗎？」（潛台詞：「你們公司應該還有別人吧？」）

「用這樣的語氣回email，客戶會有什麼觀感？」、「事情發展到這個地步，對方會有什麼反應？」、「約會議時如果多給幾個選擇，對方會覺得比較受尊重」……上述這類需要揣摩對方反應、感受的對話是否也經常發生在你的職場裡？以上兩個案例的共同點，在於對話的主角都沒有「換位思考」——也就是溝通前先想到對方的需求和反應，以達成最佳的溝通成效。

在國際職場上，換位思考比語言能力更重要

例如看到案例二的對話紀錄，我馬上告訴Kris：「你能及時回覆客戶的訊息，是個非常好的習慣，但這樣回覆會讓客戶以為整個團隊只有你一個人或是我們大家不互相支援，換位思考一下：客戶想知道的是，我們有沒有辦法火速支援他搞定這個臨時任務，相較於告訴客戶他不需要知道、對解決問題沒幫助的訊息（我正在外面辦活動），比較好的回答方式是『好的，我們安排一下盡快處理，預計在中午前提供給您……』」

「換位思考」是在生活和職場中一項重要的技能，掌握它，能幫助我們在溝通前先找出對方最能接受的方式、風格、話術，有效率地達到雙贏的結果。

若把格局拉高，看看國際職場的溝通，許多人覺得「英文好」是在國際職場溝通的必要條件，但我的觀點是，語言能力的確重要，應該終身學習、不斷提升；然而，**強大的「換位思考」能力，則是讓「講中文」的我們有機會克服「英文沒有母語使用者好」這項弱點，在國際職場發光發亮的契機之一**。

那麼要怎麼培養換位思考的能力呢？以下是我的幾個心得：

鍛鍊強大的觀察力

職場是訓練觀察力的絕佳場所，尤其身處於相對國際化的工作環境，每天都有機會和來自不同國家、文化、專業背景的人共事，剛開始或許會覺得吃力，甚至感到挫折，但只要能用心多看、在情況允許的前提下，多問幾個問題、仔細傾聽別人說出口的話和背後的潛台詞，最後找一個靜下來的時刻，反覆思考自己觀察到了什麼，它們背後的意義以及所帶來的體悟分別是什麼，用這個方法持續練習，一定能逐漸「削尖」自己的觀察力。

結交不同領域的朋友

進入國際職場，就像在遼闊的大海裡游泳，奮力前進的同時，也會遇見許多精彩、奇特，甚至讓自己眼界大開的人事物；除了和背景、行業相似的同溫層親朋好友互動之外，也可以多透過合作、參加活動等機會，認識並結交不同領域的朋友。和各式各樣的人來往，就像為自己開不同的窗，除了讓人生更豐富、心胸更開闊之外，還能夠了解不同的人在想什麼、有什麼擔心和期待，當累積了越多對於人的理解和洞察，便能大大縮短「熱機」時間，有效換位思考，「秒懂」溝通對象的內心戲。

養成先看全局的習慣

所謂的換位思考，除了訓練自己從別人的立場看問題，更重要的是要養成從眼前的現象觀全局，先看懂一件事的大方向和目的，再決定要怎麼溝通。當一位職人學會暫時跳脫自己本身，著眼於團隊或整體計畫的成功，便是他準備好前往國際職場繼續打拚的時刻，因為當舞台越大，挑戰也會更大。**面對艱巨的挑戰，先看懂全局，再破局思考，是少數在解決問題的同時也贏得尊重的方法**。

相信你對下面這幅著名的心理視覺圖——《我的妻子與我的岳母》（*My wife and my mother-in-law*）[1]一定毫不陌生，這幅在西元一八八八年出現在明信片上的德國素描畫，先後被許多心理學家及作者用來說明每個人對於同樣的事會有不同的理解與詮釋，而這幅畫很適合用來說明換位思考的重要。對一般的受測者來說，不論從圖裡面看到的是少女或老婦都很OK，畢竟兩種圖像都確實存在；但對職人們來

說，必須訓練自己同時看到，並理解一件事不同面向的觀點及可能性，如此一來，才算是修足了換位思考的學分。

在本篇的尾聲分享一段由知名美國創作者、演員狄倫・馬里昂（Dylan

1 圖片來源：*My Wife and My Mother-In-Law*, by the cartoonist W. E. Hill, 1915。

Marron）所做的TED演說。[2]他在發表完幾個探討種族、性別等爭議性主題的影片而大受歡迎後，在網路上受到謾罵，收到許多人身攻擊或充滿恨意的留言。面對這些令人不愉快的網路攻擊，他做了一個勇敢的決定——直接和惡意批評自己的人對話，了解他們為什麼這麼做，以及私底下他們是什麼樣的人，於是他製作、發表了一系列播客（Podcast）節目：《和恨我的人對話》（*Conversations with People who Hate Me*）。他說：「同理一個和你不對盤的人，不代表你需要背棄自己的信仰，轉而支持他們，而是需要意識到這個和我立場不同的人也是有人性的。我曾經想過，刪掉或封鎖這些反對的聲浪，然而這麼做唯一的好處就是讓原本支持我的人開心，若是期待實質上的改變或許需要一個更顛覆的做法——和反對自己的人對話，而不是什麼都不做，只一味生他們的氣。」

相信多數在職場上遇到的狀況會比狄倫所面對的單純許多，但希望他用傾聽、同理和對話代替怨懟的態度和勇氣，能激勵職人們養成**「先換位思考，了解對方怎麼想，再採取行動」的習慣，和「一定要溝通」的決心**。

2 狄倫・馬里昂完整TED演說影片，請上網搜尋「Empathy is not endorsement」。

關鍵思維

強大的「換位思考」能力，可以讓我們精準地找出溝通對象的需求，達成高效率又令人滿意的溝通結果，還能幫助我們克服在國際職場上「英文沒有母語使用者好」這項弱點。本篇提出了三個強化「換位思考」功力的方式：

1. 鍛鍊強大的觀察力；
2. 結交不同領域的朋友；
3. 養成先看全局的習慣。

20／一封合格的email，要能展現你的專業

「Dear Nancy,

附件為上週的活動報告，敬請參考。

Best Regards,

Jonathan」

一進公司打開筆電就看到這樣的email，立馬告訴自己機會教育的時刻來了，沒多久，這封信的作者Jonathan一臉擔心的站在我辦公桌前。

Jonathan：「聽說您想跟我討論這封email？有什麼寫得不好的地方嗎？」

為了緩解他緊張的情緒，我擺出最和藹可親的笑容（真的）問他：「別緊張，

沒那麼嚴重啦！你要不要猜猜這封email怎樣才能寫得更好？」盯著螢幕看了許久，Jonathan一臉狐疑地說：「實在看不出來耶！這封信只是很簡單的告知客戶，我們寄了活動報告給他，蠻簡短的，也沒錯字呀！」

一封A級的email，除了訊息告知，還要展現專業、提供價值、拉近距離

我完全不意外他會這麼回答，也不想再吊他胃口，於是單刀直入地點出問題：「這封信最大的問題就是：除了告知客戶他們只要打開附件就能輕鬆知道的訊息外，沒有任何價值。」

看到Jonathan還是滿臉的問號，我沒等他發問就接著說：「email對多數的職人來說都是最常用的溝通工具，它的重要性，並不亞於電話和面對面討論，所以除了訊息告知以外，更理想的是，如果能夠同時展現團隊的專業、並且拉近和溝通對象的距離，才是A級的email！」

Jonathan恍然大悟地說：「哈！難怪大家都叫妳Email Queen，原來email還可

以有這些功能。」

我：「沒錯，所以你覺得下次這封email怎麼改會更好呢？」

Jonathan這次倒是反應很快地回覆：「或許可以節錄一些報告的要點，這樣客戶就算用手機收信，也可以不需要打開附件就能掌握我們想表達的重點？」

我：「很棒！就是這樣！如果是我來寫的話，還會加一些建議，例如這次的活動成效還不錯，但要怎麼做可以更好？或是在活動執行期間有什麼樣的觀察？這些額外的建議，都能超越客戶的預期，也更能透過我們的專業真正幫助到客戶。」

Jonathan：「沒錯，而且您剛才說透過email也能拉近和溝通對象的距離，像今天剛好是星期五，或許我可以跟他說聲『週末愉快』？」

我：「完全同意！你果然學習速度很快！」

嘴很甜的Jonathan：「這完全是師傅教得好呀！不過除了內文之外，這封email還有什麼要改進的地方呢？」

很高興他這麼問的我，把這封email印出來，然後拿隻筆在上面邊做記號邊說話：「這封email其實是個很好的教材，因為裡面有許多經常被一般職人忽視的問題。」

搞清楚email要寄給誰，CC對象比你想像中重要

「就拿你的收信人來說，你同時把Nancy和他的主管以及其他部門的相關人士都放在To（收件人）的位子，但一般說來，除非客戶有特別交代，否則會把主管或是其他人放在CC（副本），而只把你真正需要採取行動的對象放在To就可以了。」這看起來好像是件不重要的小事，但**收件人的位子，不但象徵責任歸屬，更代表了對於人的尊重，許多主管更是習慣從觀察收信人位子有沒有放對，來判斷寄件者的「政治敏感度」**。

Jonathan沒說什麼，但「原來To跟CC這麼重要」的心聲，完全寫在他臉上。

標題要能忠實反應email的內容，才能在第一時間得到關注和回覆

沒等他發表意見，我接著說：「另外，你這標題太長了，而且跟你的內文並不相干。」

Jonathan連忙解釋：「沒錯，那是因為原本我們在討論別的事，但後來剛好到

了提交報告的日子，而相關人等都在這個圈圈裡，我就用全部回覆（reply all）的方式回覆大家，所以這封email的標題才會長這樣。」

我：「你用全部回覆的方式沒什麼錯，但如果你希望能在第一時間引起大家的關注和回覆，我強力建議你，在按下『寄送』鍵之前，把標題改成和email內容有關，同時把先前不相關的討論刪掉，再仔細檢查一下收件人和CC名單需不需要修改，這樣比較有可能得到你需要的回覆，並且避免不必要的誤會。」

Jonathan：「這的確是個好方法，過去我經常寄很重要的email卻沒有得到對方的即時回覆，搞不好就是因為沒有改標題，所以讓原本應該能一秒被關注的訊息埋沒在上千封看起來很像的email裡。」

我：「這是很有可能的，換位思考，如果你是亞太區或全球主管，一天到晚飛來飛去，必須在飛機起飛前用幾分鐘快速瀏覽上千封email，會根據什麼『線索』來決定要先打開、回覆哪些email呢？絕對是標題吧？」

Jonathan：「沒錯！寄出每封email都像是參加爭取主管注意力和時間的競賽，所以除了內文易讀有觀點以外，標題、寄件人和收件人甚至簽名檔等小地方都不容馬虎！」

對於Jonathan的體悟，我感到很欣慰，相較於在同一間辦公室朝夕相處的同事，有機會透過不同角度為你「打分數」，國際職場的常態是：就算和某些重要的客戶或工作夥伴已經合作了十年以上，仍然沒機會和本尊握手，從提交日常報告到提案、談判、簽約以至於合作關係和個人專業形象的建立，多是從一封封的email或是一次次的電話會議累積而來。練就寫好email、有效溝通的功力，對職人來說，就是進入國際職場的敲門磚。

後記

討論完後，用功的 Jonathan 自己寫了修改版要我評論，如果你是客戶，會比較喜歡這個版本嗎？

「Dear Nancy,

附件為上週的活動報告，敬請參考，並不吝指教。

- 截止目前為止，已有一二〇篇報導，其中九〇%以上的報導中都提到了貴公司的品牌。

- 一半以上的平面媒體報導中都刊登了活動現場的照片。而超過十則以上的電視新聞報導中都節錄了當天和發言人的訪談。
- 從報導內容來分析，所有的媒體對於新產品的評價都相當好，其中高解析度的相機和新的拍照功能是最多人深度探討的。

這次蠻不錯的活動效果主要是因為產品本身的功能領先市面上相同價格帶的競品，再加上活動的設計，讓大家有豐富的畫面能捕捉。相信後續和網紅的合作，一定會有更好的擴散效果。另外，在活動現場，我們觀察到新的產品經理Charlie的口條和親和力都很不錯，或許可以考慮在日後適當時機請他在活動上擔任產品發言人？這部分後續我們很樂意提供相關的訓練。

謝謝您和團隊這次的大力支持，您如果對於活動或是這份報告有任何建言，請隨時指教。也祝您週末愉快！

Best Regards,

Jonathan」

關鍵思維

練就寫好email、有效溝通的功力，是進入國際職場的敲門磚。一封A級的email，除了訊息告知以外，還要能展現專業、提供價值、拉近距離。

21／打造專業簡報力，你可以這麼做

我：「待會的簡報麻煩 Peter 負責前言，Jean 和 Tiffany 負責說明這幾個專案的內容，Chris 負責最後的總結……」

Jean 面有難色地說：「確定要我負責這麼重要的部分嗎？我實在沒信心能把活動說明得很精彩，讓客戶喜歡耶！」

簡報的確是讓很多職人頭皮發麻，甚至能躲就躲的工作項目，但在國際職場上，一個人的簡報能力往往能直接影響業績表現、專案進度、團隊向心力及職涯發展。

有些人生來就是簡報好手，另一些人可能需要更多的準備時間，值得慶幸的是，**做簡報和多數職場上的溝通技巧一樣，可以藉由方法和練習逐步掌握**。

簡報前要好好想一下「為什麼」和怎麼做

想想「為什麼」

記得在國外研究所修第一門新聞寫作課時，教授規定大家在動筆之前先思索三個問題，而這成為我至今架構簡報前會思考的幾個方向：

1. 這是個關於什麼的故事？
2. 這篇文章希望能達到什麼樣的目的？（例如：行為的改變、爭取支持、喚醒人們對於特定議題的注意、爭取加薪升職……）
3. 人們為什麼會有興趣讀這篇文章？

確定你的主要訊息

想通了上述問題後，接下來要思考的是：「我希望人們聽完我的簡報後能記住哪一個重要訊息」，來決定要放哪三個輔助訊息來支持你的論述，以及使用哪些佐證來讓簡報更有說服力。例如，當我們要做一個向潛在客戶自我介紹的簡報時，或許可以這麼架構它：

主要訊息 盛思是個能與國際接軌、兼具策略思考能力與執行力的傳播集團。		
輔助訊息1 盛思能提供國際化的服務品質。	**輔助訊息2** 盛思是客戶的策略夥伴。	**輔助訊息3** 盛思具有值得信賴的執行力。
佐證 • 目前所有的員工皆擁有國際性的工作及生活經驗。	**佐證** • 我們的資深顧問們在全球金融及科技領導品牌主管策略規畫，擁有二十年以上的經驗。	**佐證** • 多數的企業都和盛思維持超過五年以上的長期關係。
• 與數家跨國傳播集團策略聯盟，能在全球無縫接軌。 • 目前九〇%以上的客戶都是指標性的跨國品牌。	• 這些資深顧問深入參與客戶的日常聯繫與討論，能即時提出創新及有效的建議。 • 資深顧問占全體同仁超過五〇%以上，這在同業間算是相當高的占比。	• 多元化的產品內容包含了專案規畫與執行、社群媒體經營、數位行銷、長期品牌策略、意見領袖關係、行銷研究、發言人訓練及經紀、形象顧問、出版諮詢等等。 • 引用來自客戶的讚美或是關於客戶滿意度調查的關鍵數字。 • 過去的成功案例分享。

把「情境」(Context)搞清楚

在簡報前必做的重要功課之一，就是研究清楚簡報的對象是誰（是高階主管還是執行人員，二、三個人還是一大群人、是否有特定的年齡層或是現場主要會是男性或女性……）、在什麼樣的地點（會議室或是咖啡廳）、如果是要對企業或組織簡報，也不妨研究一下其企業文化較為嚴謹正式或是比較輕鬆自由，**搞清楚這類眉角，才能決定互動的方式、穿著風格、講什麼樣的笑話等細節。**

大量的「閱讀」和練習

在架構簡報內容時可以試著找出和自己風格類似的講者或是相關主題的簡報資料或影音來參考，這個目的不是為了模仿別人，而是**在大量的「閱讀」中激發靈感，進而發展出有特色、有靈魂的簡報內容，而不斷練習，更是在職場和人生中要做好許多事的必要投資。**

簡報時需要讓觀眾想聽你說

終於到了簡報的那一天，在「戰場上」該如何加分：

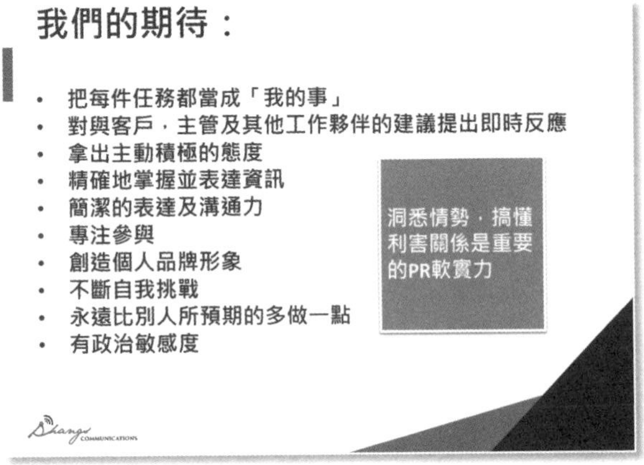
我們的期待：
• 把每件任務都當成「我的事」
• 對與客戶，主管及其他工作夥伴的建議提出即時反應
• 拿出主動積極的態度
• 精確地掌握並表達資訊
• 簡潔的表達及溝通力
• 專注參與
• 創造個人品牌形象
• 不斷自我挑戰
• 永遠比別人所預期的多做一點
• 有政治敏感度
洞悉情勢，搞懂利害關係是重要的PR軟實力

（圖一）

精確、迅速、敏銳、有力

（圖二）[1]

掌握簡報的黃金六十秒

許多專家認為，多數觀眾在聆聽簡報的前六十秒，就會決定自己是否喜歡簡報內容及接下來是否繼續聆聽，換句話說，簡報的第一分鐘是決定成敗的黃金六十秒，所以有個成功的破冰非常重要。而國際上常用的方法包括提出一個問題、邀請觀眾參與、分享吸睛的照片，或是讓觀眾認識自己產生好感等等。成功的開場，不一定要說學逗唱，而是用點巧思找出適合自己的方式。

用影像和大標題取代字海或是省略投影片

右頁這兩張投影片你覺得何者比較能吸引你呢？圖一的文字內容很豐富，但圖二中以「主圖加關鍵字」的呈現方式是不是更能引起你想聽下去的好奇心？過去的

1 圖片來源：https://unsplash.com/photos/34OTzkN-nuc。

我總覺得投影片就是要把重要的訊息完整列出來，讓對方一目了然，自己也不容易忘詞，但在國際職場「取經」數年後我學到——一個簡報的成功要素是讓對方迫切的想聽你說些什麼，而不是把一片字海攤出來要他們自己讀，最高竿的簡報高手可以不靠任何投影片，完美達成溝通的目的。

任何的投影片或道具都應該只是簡報的配角，因為負責參與簡報的人們才應該是發光發亮的主角吧！

用說故事取代說教

「當我七歲的時候，妹妹才五歲，我們在上下鋪的床上玩。當時我想玩戰爭遊戲，而她也想參一腳，所以我們在雙層床上層兩邊分別擺出我所有的美國大兵玩具及武器和妹妹的彩虹小馬，準備好衝鋒陷陣」這是我很喜歡的一段TED演說，[2]作家紹恩．阿克爾（Shawn Achor）用一段很可愛的童年故事開場，從自己怎麼安撫因為戰爭遊戲從上鋪摔下來而摔斷腿又大哭的妹妹，順利阻止她向爸媽告狀，進而帶出演講的主題——「正向心理學」，成功引起現場和線上聽眾的共鳴。

無獨有偶的，當我們接獲來自客戶「希望喚醒更多人對於環境的重視進而採取行動」的任務時，我們思考的不是要如何宣導「為什麼環保很重要」或是「要怎麼做」，而是怎麼透過五感體驗說故事，勾起大家對於環境的情感。

「說道理」或許能夠有邏輯地讓人理解一件事，但「說故事」才能真正創造感受、讓改變發生。這個世界充滿了道理，但永遠有空間多一些感動。除了聲音表情之外，臉部表情、眼神接觸、手勢和其他肢體語言的配合，能幫助我們把故事「說」得更動人。

強而有力的結尾

蘋果創辦人賈伯斯、作家J．K．羅琳（J. K. Rowling）和亞馬遜創辦人貝佐斯這三位來自不同領域的名人有個共同點——都曾經受邀為美國知名大學畢業典禮演講，並留下令人深刻的印象。

2 此段出自TED演講《優質工作的快樂祕訣》，完整影片可搜尋：「The happy secret to better work」。

除了賈伯斯鏗鏘有力的演講收尾「求知若飢，虛心若愚」之外，J．K．羅琳在哈佛大學二〇〇八年畢業典禮上以一句「人生和故事一樣，重點不是在於它多長，而是在於它多精彩。」(As is a tale, so is life: not how long it is, but how good it is, is what matters.)[3]不但為演講畫下了驚嘆號，更巧妙地和自己小說家的身份連結；而貝佐斯則以「我們的選擇將塑造我們的一生、為自己創造一個精彩的故事吧！」(We are our choices. Build yourself a great story.)[4]為二〇一〇年普林斯頓大學的畢業典禮留下醍醐灌頂的結尾。

強而有力的結尾為簡報或演講的內容創造深刻的印象，當然，**在職場上的多數商業簡報**，不一定需要如此有戲劇張力的結語，**但至少必須發揮清楚總結簡報主要訊息、列出下一步的行動、爭取對方的支持等確切、清楚、高執行度的功能。**

簡報結束後才是進步的開始

多數人在重要的簡報結束後，都大感輕鬆。但簡報後的動作，往往是一位職人是否能持續提升簡報功力的關鍵。

在簡報中，應該持續留意並記錄對方的表情、問題和其他反應，並在簡報後有系統地檢討、不斷改進，為下一次的出色簡報持續暖身。一個人的簡報能力，是決定他在國際職場上能站上何等高度的關鍵因素之一，和許多職場真功夫一樣，簡報功力的養成，除了一點點天分之外，更重要的是不斷的練習與反思。

3 J．K．羅琳在哈佛大學的演講影片，可搜尋「J. K. Rowling Speaks at Harvard Commencement」。

4 貝佐斯於普林斯頓大學的演講，可搜尋「Jeff Bezos delivers graduation speech at Princeton University」。

鍵維
關思

做簡報和多數職場上的溝通技巧一樣，可以藉由方法和練習逐步掌握。

簡報前要：

1. 好好想一下「為什麼」和怎麼做；
2. 確定你的主要訊息；
3. 把「情境」搞清楚；
4. 大量的「閱讀」和練習。

簡報當中可以：

1. 掌握簡報的黃金六十秒；
2. 用影像和大標題取代字海或是省略投影片；
3. 用說故事取代說教；
4. 強而有力的結尾。

簡報後：

持續改進，為下一次表現暖身。

22／和主管吃飯，一定要掌握的四大原則

「偌大的別墅裡，快板鋼琴的背景音樂，略施薄妝、盤起頭髮、穿著淺灰色套裝的我，拿著杯夏多內，緩慢穿梭在一屋來自全球各辦公室、完全不認識的人當中，有一搭沒一搭地和不同人聊著天，心中默默祈禱party趕快結束，希望沒人看出我的不自在……」

二十多歲時，一次參與公司以培育未來領導者為主題的海外訓練，第一天晚上三十幾位來自全球各分公司的代表參加在亞太區總經理家中舉辦的晚宴，相較於多數很習慣在這類場合結交人脈、展現個人魅力的西方同事們，那個晚上我顯得太過小心翼翼，甚至有點侷促不安，但正是那一次的晚宴，讓我有了「把飯吃好很重要」的頓悟。

後來隨著工作經驗的累積，越來越多在國際場合參與這類非正式活動的機會，也一點點證實了我先前的假設——**這類看似輕鬆的活動，不只是同事或事業夥伴間聯絡感情這麼簡單，更多時候被公司資深主管視為就近觀察每個人的機會。**

許多跨國企業的CEO在決定高階主管人選前，一定會單獨請候選人吃個飯，因為一頓飯吃下來，往往可以看出關於這個人的「門道」，並且判斷他是否為「對的人」。對有經驗的管理者來說，一頓飯的時間，至少能觀察到以下幾點：

是否有同理心與領導力

我曾經看過同事一上飯桌，就急著幫旁邊的客戶夾菜，放了好幾隻大蝦在碗裡後，才發現對方根本海鮮過敏。不但當場氣氛尷尬，還給人留下了「魯莽行事」的印象。另一個相反的例子是和主管一起請客戶吃飯時，看到主管一邊閒聊，一邊觀察每個人對食物的喜好，並且在適當的時機，為客戶多點一份他最喜歡的港式燒賣，一個很簡單的動作，不僅讓對方感到貼心，也拉近了主客間的距離。

曾經有位擔任亞太區主管的朋友，分享自己觀察到某個下屬，幾次聚餐不先盤算端上桌的蝦餅是不是夠同桌的人吃，就自己接連吃了好幾片，暗自決定把這個人排除在自己的接班人名單之外；我好奇地問：「不過就是和同事吃個飯，有這麼嚴重嗎？況且他的業績這麼好！」朋友不假思索地回答：「像部門聚餐這樣的小事，反而能看出一個人不設防的真性情，他或許可以單打獨鬥，但不為別人著想，不會是好的領導者。」

是否得體

吃飯是個最能直接觀察一個人是否得體、是否能hold得住場面的絕佳機會。身為請客的一方，是否能針對不同的對象、吃飯目的安排合適的用餐場所及形式；是否能為賓客安排餐點、規畫座位、並在席間很平均地照顧到每一位客人，讓大家吃得開心、賓主盡歡，是職場領導者必要的功力。

如果是被請客的一方，則需要懂得感謝、讚美餐廳和餐點的安排，在席間和主人有一定的互動，而不是只和隔壁的人小聲說話，甚至應該在聚餐進行中視狀況丟出合適的話題，炒熱氣氛……這些都是基本的做客之道。

一場飯局，可以是一回談判、一次演出、一個非正式的會議，許多人深信，**不管是主是客，能夠得體地「把飯吃好」，才有潛力在充滿挑戰的職場裡，帶領團隊做出應有的格局。**

是否具備應有的格局與高度

透過不同型態的聚會建立人脈，或是增加工作夥伴間的彼此了解，是在國際職場上很普遍的習慣，這樣的場合通常聊的不會是白天的工作內容，而是根據談話對象的身分、關注的議題、現場的氛圍、當下的心情等因素，隨機產生的話題。

一場有固定位子的飯局，聊的話題可以既深且廣，我曾經在某個晚宴中因為坐在集團全球總裁旁邊，而從今晚的餐廳、菜色、彼此的專業背景、工作內容、興趣嗜好，一路聊到對美國和西非的政經觀察（他來自西非，後來定居美國）、兩岸關係、對於金融業和科技業的趨勢看法、彼此的家庭、小孩、寵物……整整聊了兩個多小時，非常過癮。像這類能坐下來吃飯的場合，如果能先排定位子，可以針對坐在自己兩邊或對面的對象，先做點研究，然後想幾個話題避免冷場；如果是沒有固定座位，可以到處走走聊聊的cocktail party，除了預先準備好的「百搭」話題外，更需要視對方的穿著、來自何處、手邊的案子等因人而異的狀況，臨場發揮。

不論飯局的形式，想「吃好一頓飯」除了做足功課，平日需要積累針對產業新聞、熱點話題、世界趨勢，甚至藝術或時尚等不同主題的思考，**在國際職場中，許多專業人士，會把這樣的場合視為觀察別人、表現自己格局與高度的絕佳機會。**

是否能有效地自我控制

除了觀察一個人的內涵和個性之外，飯局更是顯現專業人士是否能有效的「控制自己」的絕佳場合。不管是中式或西式的聚會，難免喝點小酒助興，而能在酒酣耳熱之際，依然維持優雅的形象，是基本的專業要求。

印象很深刻的一次飯局是在上海工作的期間，客戶舉辦了將近一周的全球會議，由於很難得有機會和平日只能靠email、電話聯繫的同事見面，大家都非常興奮，因此白天開會，晚上繼續很high地聚餐交流，通常要到凌晨一、二點才結束一整天的活動，但第二天一早八點，大家都能精神奕奕地出現在會議室，連玩起需要拚體力的野地闖關競賽都拿出百分之兩百的力氣來贏。

對國際職人來說，「認真地玩」和努力工作，都是專業的表現。不管是食物和酒精，都不該讓自己的專業形象扣分，而是成為未來工作上的助力。

鍵維 關思

在國際職場上，看似非正式的吃吃喝喝場合，反而是讓人看清你是否有成為領導者條件的重要時刻。

23／高明的溝通需要繞遠路——細節就在這些「麻煩事」裡

日本知名作家曾野綾子曾經說：「人生要『繞遠路』，才有趣！」仔細想想，在高速的生活步調裡，像是精品咖啡、茶道、園藝、米其林餐點等許多的美好事物似乎都是由慢活的美學所成就，在強調效率、每個人都被期待同一時間做多件事（multitasking）的國際職場其實更是如此，多數人都希望把工作上的任務處理得又快又好，但每當需要做重要的抉擇、處理嚴重的爭議、爭取強大的支持時，「慢工出細活」幾乎是恆久的準則。

在職場上，什麼是「繞遠路」的溝通方式？讓我先舉幾個例子：

能當面溝通就不要依賴電話或email

「這次的採訪好精彩，雖然聊天的時間比真正錄節目長很多，但聽著主持人的人生故事，發現我們未來可能會有合作的機會，對方甚至還介紹一個不錯的人選給我！」當同事看到我花了一個上午，才做完明明半小時就能搞定的採訪而表示關心時，我這麼回答。當初對方很貼心地提議用電話簡單聊個半小時，我卻選擇坐一小時車，到這個距離公司很遠的錄音室和主持人面對面交流，而這個選擇的結果是，我們不只「做完」了這個節目，更發現許多新的可能性，對雙方來說，都算是把這件事做到「最好」。

在科技發達的今天，誰都能透過即時通訊軟體、email或電話輕鬆完成事務性的溝通，但多數時候，科技無法取代人與人面對面交流時迸生的火花、相互激盪出的靈感，和一個眼神、一個微笑就了然於心的默契，科技能夠幫助我們很快把事做完，但當面溝通才能發現更多驚喜。

相信溝通的力量，不要怕麻煩

Renee：「客戶要我們這麼做真的很過分耶！我們沒有收一毛錢，只是純幫忙呀！為什麼他們還三天兩頭提出不同的要求？」

我：「妳跟客戶溝通了嗎？他們了解妳只是在幫忙嗎？他們了解這件事的行情價嗎？」

面對面溝通很重要，尤其是面對爭議或意見不同的時候。不管是在東方或西方的職場，都不乏辦公室政治，但大體來說，西方的職人往往在問題發生時，比較願意溝通，不管是好好講或是大吵一架，至少會先試著搞清楚雙方的立場，看看有沒有可能做一些改變；反之，在東方職場裡，多數職人遇到不如意的場景，會直接往心裡去，或找幾個立場一致的人討拍求溫暖，如果真的忍無可忍，丟下辭呈一走了之的人也為數不少。

問他們為什麼不先試著溝通看看，得到的答案通常是：「太麻煩了、應該也沒用或反正到時候還是得照做……」但這些人忽視了一個重要的事實——**願意溝通就有改變的機會，就算不會馬上產生很大的變化，但已經種下了改變的因子，即便結**

局沒變至少表達了自己願意解決問題的誠意。

除了說how和what之外，一定要說why

Tim眉頭深鎖的來找我：「為什麼我鉅細靡遺、一步一步地說明了這個報告的寫法，甚至還把SOP白紙黑字地寫下來，同事還是一天到晚犯一樣的錯，甚至連基本的行距、字型、錯字都搞不定，好崩潰呀！」

我：「你有告訴他們為什麼報告必須做到完美無缺嗎？」

Tim翻了個隱形的白眼：「這不是一份專業文件的必要條件嗎？」（他的潛台詞：「這種common sense（基本常識）還需要說嗎？」）

在國際職場裡，可能會跟百百種人「交手」，和每個人溝通有不同的眉角，但「永遠先說why」是經過多年實戰經驗後放諸四海皆準的溝通技巧，不管是來自什麼地方的職人，多數人都希望被當作「大人」來對待，因此如果能充分了解做一件事的原因和目的，多數人不但更有意願把事做好，甚至有可能提出讓事情變得更好的建議。

靜靜地聽著我說完上述那番話沒插嘴的 Tim：「吼！已經很忙了！還要花時間解釋 why……」

我：「這是個必要的投資吧！多花一些時間把任務的原因說清楚，總比你現在三更半夜還在公司一邊改報告一邊崩潰好吧！」

與其費盡唇舌說服，不如創造體驗的機會

多年前我在企業內部和 NGO 夥伴們合作，開創了濕地復育、生態旅遊、海洋保育等一連串結合環境與經濟永續發展的計畫，剛開始推動時非常吃力，因為相較於社區關懷或是偏鄉教育，環保是個很重要，但比較令人「無感」的議題，於是我們決定安排主管和員工們實際加入小農的行列種植有機米、走進濕地認識環境、製作浮島、到鄉間住幾天、體驗當地的生態等一系列活動，爭取支持和資源。這個不多費唇舌讓大家實際接觸、體驗問題的策略十分成功，環保系列的專案，在推出幾個月後，就成為全集團最受歡迎的企業志工活動選擇。

某次參與一個跨國的比稿，為了讓客戶了解和團隊實際工作的感覺，我們特別

在比稿中安排了一個「動腦」會議，並邀請客戶參與其中，透過這樣的創意安排，我們順利地說服客戶「這是一個很多元化的團隊，和他們工作應該會很有趣」。

真正高明的「說服」就是不費唇舌，讓對方實際接觸、感受到你想說的話，雖然表面上看來好像很「麻煩」，但只要操作得當，所帶來的影響力會深刻又長遠。

文章讀到這，相信你應該了解，所謂的「繞遠路」在這裡指的是，為了把事情做到最好、產生最大的效益，而願意花更多時間做「麻煩事」、耐著性子用不同的方式溝通，明明有捷徑可以到達目的地，卻選擇走一條比較遠的路。

願意這麼做的國際職人往往有很深的道行和很高的格局，因為他們知道，路越遠，沿途的風景越精彩；路途稍微長一點，打造品牌力和影響力的機會只會更多，人生和職涯也將隨之豐富精彩。

關鍵思維

真正高明的溝通，不是靠嘴巴說說，而是讓對方實際感受到你想說的話，這樣做看似在「繞遠路」，卻能產生最大的效益，也是想成為到位的國際人才必須掌握的關鍵。

第四章

從管理者到領導者，要有改變的勇氣

24／國際級領導者的必備修練——公平的態度、直接但有人性的風格、相信溝通的力量

目前負責跨國業務的同學聚餐中，大家聊到「在國際職場要混得好，閒聊能力很重要」，通常話很多的Darren一反常態地安靜，從頭到尾沒發表什麼意見，看到他一臉欲言又止的樣子，我忍不住問：「怎麼啦？有事就說呀！」

當個國際級領導者要能展現公平的溝通態度

在大家的催促下，他才說出了最近一個悲慘的親身經驗。Darren在北加州的一所研究機構工作了二十幾年，目前擔任中階經理，他和其他幾位經理，各自負責

不同的事務，但都報告給同一位副總。因為Darren負責的業務開發很受重視，相較於同儕，更常被副總「召見」，兩個人經常談完了業務就順便閒聊兩句。

本來再正常不過的業務討論，看在有心人眼裡，變成了副總管理不公的把柄。公司的研究部經理和其他幾個部門的中階主管，一起跑去董事長面前告了副總一狀，他們認為副總同時管理這麼多人，卻總是和Darren關著門閒聊，似乎對他特別好，這件事鬧到了公司的公平委員會，副總和Darren被調查了好幾個月，更徹底破壞原本相當不錯的工作氣氛。

自此之後，每當有人談到「閒聊」就勾起Darren這段不愉快的回憶，這件事帶給他的體悟是：「閒聊不一定都對工作發展有幫助，而是和你的職位以及組織架構有關，如果你是一個領導者，最好少和下屬閒聊，以免引起『偏心』的聯想。」

我可以理解Darren的心情，但我認為，這個故事告訴我們的並不是領導者不能隨便跟下屬聊天，而是領導者在溝通時必須盡量「公平」，給予每個下屬同等的注意力和關懷，雖然只要是人都不免有自己的偏好，但身為領導者，就是要能藉由和每個人保持一定的關係，維持團隊氣氛的平衡與和諧，讓大家理解到所有的待遇都來自於自己的表現而非與主管的交情。

例如 Darren 的主管就算跟他特別有話聊，也要試著和其他人喝喝咖啡；身為公司的高階主管，不一定需要跟下屬維持太緊密的個人關係，但如果決定要這麼做，就應該公平，例如，不一定要請同事到你家吃飯，但如果你決定這麼做，不妨弄個BBQ趴，讓有時間、有意願的人，都有和你「混熟」的機會；你不一定要在臉書和屬下互加好友，但如果你決定接受其中一位直屬下屬的交友邀約，應該也給其他人成為臉友的機會。

有人性的溝通風格是好主管的必備條件

身為主管，你不需要同等地喜歡每一個人，但你有責任透過不同的溝通方式，給予每一位下屬公平的機會。除了在溝通上處處展現公平的態度之外，我認為**「直接但有人性」的溝通風格也是在國際職場當好主管的必要條件**。

當下屬或合作夥伴有需要改善的地方時，東方的主管經常礙於情面，不好意思把話說清楚，但這麼做往往會造成員工因為聽不懂而無法有效改善，主管則會為「溝通了許多次，情況還是沒改善」而感到挫折。

我的前客戶兼好友Sam教會了我重要的一課。Sam是公司的一個主要企業客戶的亞太區總經理，他的團隊和我們在這幾年的合作下，早已培養出很好的默契，也超越了客戶和代理商的關係，而成為共同為品牌一起努力的合作夥伴。

但這樣的狀況，在台灣團隊的行銷主管離開，新的行銷經理Vivian到任後有了很大的改變，新主管從過去的公司帶來了新的工作方式、推翻了多數先前已達成的共識或正在執行的專案、並且希望把許多過去團隊所建立的制度、報告格式、工作內容一項項重新檢視、擬定。像一陣龍捲風般，她的「打掉重練」哲學，讓公關團隊哀鴻遍野而且相當受挫。

團隊試了許多方法，都沒辦法和經理本人取得有效的溝通成果，我決定約Sam喝杯咖啡，希望能尋求他的協助，讓狀況獲得明顯的改善。

Sam耐心地聽完我的描述後和善地說：「謝謝妳告訴我這個狀況，我會跟Vivian分享過去我們大家配合的方式，以及我和其他主管對妳們公司的正面評價。大家這幾年配合得很開心，我和妳也是很好的朋友，所以我一定會盡量幫你們。

不過，我也希望妳了解，既然我找來Vivian負責行銷，我就會完全尊重她的決定和判斷，就算她在一年後決定找其他的公關公司來重新比稿，我都會尊重她的決定，因為只有在充分授權的狀況下，要求她拿出最好的表現才是公平的。在這樣的前提下，我建議妳們盡快和Vivian建立信任的基礎和有效的溝通管道……」

我非常感謝Sam直接說明了他的立場，並點出最壞的結果，以及在這次對話後不久，他不露痕跡地幫團隊和Vivian創造了幾次互動機會，幫助大家在一次次當面溝通的過程中，增加彼此的了解，逐步塑造出新的工作方式。

這次的溝通經驗帶給我最大的收穫，不是客戶關係的改善，而是領悟到像Sam**這種直接卻又富有人性的溝通風格，是在國際職場中的領導者所必備的修練，因為它能幫助我們把事情做好、把話說清楚的同時也把人做好**。

養成有問題立即溝通的習慣

上述的兩個小故事，點出了在國際級領導者必備的兩項溝通能力——公平的態度及直接但有人性的風格，但更重要的是，**身為領導者，一定要相信溝通的力量**。

組織分裂、員工集體出走、罷工、不同階級成員的對立……許多在職場上的嚴重問題，都是因為小問題發生時並沒有立刻被好好溝通，才會變得像雪球般，越滾越大、越不可收拾。

許多人一遇到問題浮現在心中的潛台詞往往是「反正忍一忍就過去了」、「真倒楣……早知道就……」、「下次再也不要再找他合作了」，仔細分析一下這類的反應，除了表達對當下狀況的不滿，更展現出一種「怕麻煩」而放棄溝通的心態。

然而，如果你是領導者或是希望有朝一日能成為領導者，就應該訓練自己在做任何的評論前，先搞清楚事實的全貌；在處理問題前，先處理情緒；在決斷前，先對話。尤其是在步調超快速、因為距離、文化差異、時間壓力等因素而充滿挑戰的國際職場裡，更應該學會在做出判斷、採取任何行動或正式投入戰爭前，先嘗試溝通，給創造多贏的局面一個機會，也給自己和組織的正向成長一個機會。

關鍵思維

在步調快速，且因為距離、文化差異或時間壓力等因素而充滿挑戰的國際職場裡，身為領導者，必須掌握三項溝通修練：

1. 公平的態度；
2. 直接但具備人性的風格；
3. 相信溝通的力量以及一有問題就先溝通的習慣。

25／You are what you wear!——在國際職場裡，外在形象比你想像的重要

「我今天穿了一件藍色的洋裝，藍色讓我想到四面都是海、文化包容性很強的台灣，而洋裝上的航海圖案，則讓我聯想到許多台灣的人才和企業，都希望走向國際，把自己的強項發揚光大……」

在某個創造力訓練上，面對講師忽然丟過來的題目：「說明自己的穿著跟全球在地化（Glocalization）的關係。」我不疾不徐地說明著，還被其他同學誇獎實在是「很會」。

事實上，能夠不假思索地說明自己造型背後的故事，跟創意一點關係也沒有，是因為二十多年來在外商企業和國際職場裡參加過太多以外在形象為主題的各式活

動，而磨出「穿著打扮前先想一想」的習慣。

在台灣土生土長的我，一直以來的觀念都是：「一個人的內涵最重要，外在打扮適度就好」，而參加這類活動，不但要傷荷包治裝，更需要在本來就很滿的待辦事項上多加一件事，剛開始著實讓我苦不堪言，但這些年在國際職場打滾，我慢慢體悟到——當一個職人從上班族，晉升為領導者時，除了內在的素養外，通常外在的形象也需要一併提升，而這類活動完全是練習用外在形象說故事的絕佳機會。

如果除了穩穩地做好一份工作，你更期待自己有朝一日成為有影響力的領導者，那麼一定要有的領悟是：「專業人士的外在形象和內在素養一樣重要」，以下是幾個越早了解越好的原則：

用外在形象說故事，爭取被看見的機會

在國際大會這類冠蓋雲集的場合，有機會公開發言能大大提升能見度，但許多參加者即便沒有上台演講，也能很巧妙的透過穿著提高存在感，例如，我曾經在募款晚宴上，看到來自台灣的非營利機構高階主管穿著改良式唐裝，很優雅地施展說

服力，在談笑間點出她希望大家注意的社會問題，並爭取資源；我也曾經看到來自印度的同事，把顏色鮮豔的的民俗風披巾，和正式的套裝搭配在一起，現身國際研討會，不但吸睛，也讓大家多了一個和她打開話題、彼此熟悉的媒介。

你可能會覺得，「難道用外表吸引人注意真的這麼重要嗎？我可是實力派的！」

實力當然很重要，但在一個有上百個「實力派」職人聚集、大家都素昧平生的場合，或許先透過外在形象，吸引大家對你的注意和好奇心，才能更有機會溝通你的訴求、讓更多人看見你所代表的團體或公司。

而打造外在的重點不在於穿得有多美、多帥、多華麗、多名貴，而是需要在得體的前提下，增加個人的特色，讓外在形象說出你來自哪裡、你喜歡什麼、你關注什麼議題等個人的故事。

對什麼人，穿什麼衣

「明天的客戶會議要穿什麼比較好？」這是我經常被同事詢問到的問題。雖然問題很簡單，答案卻有百百種，取決於開會對象的所屬行業、企業文化、會議主題的嚴肅性、與客戶的交情等主客觀因素。例如，如果西裝筆挺出現在多數人穿著牛仔褲、POLO衫上班的高科技業，容易給人距離感；但如果是去外商銀行開會，最好穿著有質感的套裝，並在能力允許下，搭配一、兩個知名品牌的單品。

「這太麻煩了，我乾脆準備幾套百搭的單品算了！」如果你是初階職人，我會覺得這很OK，但**當一個人逐漸往領導者的路邁進，他必須開始學習透過策略思考，來為自己的整體形象加分**，而所謂的百搭，比較直白的同義詞就是平庸，對於塑造自己的獨特性，完全加不了分。

在國際職場上，「dress for the occasion（視不同情境打點自己的外在形象）」，是個非常受到重視且普遍的概念，即便是爭取客戶和我們合作的正式比稿會議，我和團隊先後分別以超級正式的黑色套裝、很海灘風的T-shirt加夾腳拖，以及以客戶品牌精神為發想主軸的freestyle風格現身過，為什麼會有這麼大的反差，again，先想清楚溝通的對象是誰，再策略性地思考如何透過外在穿著和造型為自己和團隊的溝通成效加分。

想成為國際級的職人，除了要懂得「和什麼人，說什麼話」之外，也要懂得「對什麼人，穿什麼衣」，前者能讓溝通事半功倍，後者則能讓我們在多數的場合，贏

得溝通對象的共鳴，有個好的開始。

穿得好，鼓勵團隊跟隨

我一直覺得，領導者的重要責任之一，是要活得精彩，讓下屬「預覽」十年後、二十年後的願景和希望。

John是一位思慮周密、行動敏捷，但不拘小節的主管，多年前幾次瞄到他穿著有破洞的衣服上班，我終於忍不住逼迫他：「拜託你去買幾件新衣服，不然公司的同事們還以為這家公司的薪水有多低，都不敢待下去了啦！」這句玩笑話的背後藏著我的信仰——**主管有讓下屬覺得「這一份工作充滿希望與前景」的責任，尤其是當你真心喜歡自己的工作，並相信這是一個值得長期發展的事業時。**

這就是為什麼國際上許多公司除了固定的薪資外，會給資深主管很可觀的治裝費；又或者在我們公司，通常會給即將邁入下個階段的職人們一個比較高比例的加薪。背後的原因很一致：

身為領導者，從內而外提升自己的素養和形象是一種「社會責任」，因為這分

內外兼修的魅力，或許能帶給追隨者們重要的職涯或人生啟發，並激勵他們成為最好的自己。

外在是一個人最明顯的考核標準

多數我所合作過的公司，會傾向把一個人的外在形象視為心照不宣的評估標準，尤其是當被評估的對象是目前或未來的領導人時。

但別誤會，這並不代表一定要是帥哥美女才能在公司擔任重要的角色，而是**當一個人靠著專業的表現，逐步邁向管理者之路，他是否能夠合宜的管理自己的體態、健康、穿著、談吐、整體形象，往往是決定他是否能進一步成為領導者的重要指標。**

畢竟，透過一個人的外在形象來評斷他的內在素養、管理能力、專業表現，對許多人來說，是最「偷吃步」的方法。所以聰明的你，千萬別讓外在形象成為你在國際職場裡的絆腳石。

關鍵思維

專業人士的外在形象和內在素養一樣重要，策略性地打造外在形象，除了能提高能見度，更能幫助職人有效溝通、激勵團隊。

26／要做大位子，就別把「不好意思」掛在嘴上

自從計畫寫這本關於溝通力與國際職場的書，我就把握每一個和國際職人們共事的機會，問問他們覺得在台灣土生土長的職人們，如果想坐上區域主管以上的位子，除了要把語言搞好以外，還需要注意什麼？

「不要太常說不好意思！我的台灣朋友很喜歡把這四個字掛在嘴邊。」餐敘時，被問到上述的問題，我的新加坡老同事Mark沒想太多就脫口而出。

而這句簡單的回答，引發了我一連串的思考。

以「不好意思」開場，讓溝通輸在起跑點

「不好意思，我可以說幾句話嗎？」、「不好意思，這次的專案要麻煩大家了！」多數台灣人在說不好意思時，不一定有道歉的意味，更像是表示禮貌的口頭禪。

但在國際職場上溝通，如果開口閉口都是「不好意思」，很容易讓自己還沒開始溝通，就處於劣勢。試想如果在商業談判的場合，一開口就說「不好意思」，氣勢還拿得出來嗎？

對台灣土生土長的我們，認為禮貌是種美德，但除非全場都是堅信「禮多人不怪」的日本人和台灣人，否則太多的「不好意思」，在多數國際職人眼裡會有「沒自信」、「矮人一截」的觀感。

把「抱歉」、「不好意思」當口頭禪，氣場會扣分

A	B
不好意思，要麻煩你負責這個專案。	麻煩你負責這個專案。
抱歉讓你們久等了。	謝謝您們今天提早過來。
不好意思，可以麻煩再說明一下嗎？	是否方便舉幾個例子說明一下呢？

上面的職人A和職人B，明明表達的是一樣的意思，但後者在不犧牲禮貌的前提下，是不是顯得更有自信和氣場？你比較願意跟哪一位同事一起出國開會呢？

所謂的「氣場」，代表的是一個人因為本身所散發出來的氣質以及與人互動時的眼神、姿態、口語表達等能夠影響別人的能力，更是在國際職場求生存、求發展必備的武器。而滿口的「不好意思」，不但帶給大家理虧、心虛、資淺的聯想，對於接下來要說的話、自己的氣場和形象，都會是很大的扣分。

如何在國際場合展現強大的氣場？理直氣壯地發表自己的觀點、別害怕在適當時機打斷別人，更重要的是永遠不要因為被世界看見而感到「不好意思」。

就算真的做錯，也別說太多對不起

「真的很對不起，我下次會更小心……」、「非常不好意思，因為我的粗心犯了這個錯！」，和我工作過一陣子的同事看到這裡應該都不難猜出，如果我是接受道歉的對象，我一定會問：「我了解你很抱歉。那麼接下來，你打算怎麼做呢？」

不管是在職場和人生中犯了錯，當然應該道歉，但我建議在第一時間道歉後，就把力氣放在「怎麼防範相同的問題再發生？」、「怎麼逆轉目前的狀況？」甚至是「怎麼運用這個錯誤，創造團隊的優勢？」這類對實際狀況有幫助的方向上。

犯了錯只是不斷說抱歉，會讓人誤以為自己已經對錯誤負責了，但這麼做除了讓犯錯的當事人心裡覺得好過些，其實毫無建設性與擔當可言。

少說「抱歉」，多說謝謝

二〇一五年的感恩節後長住在紐約的插畫家Yao Xiao[1]發表了名為〈If you want to say Thank You, don't say Sorry.〉（試著說謝謝，別說抱歉）的漫畫，[2]而在全球引起許多認同、轉發和討論。

如果說「抱歉」或「不好意思」的目的，只是為了表達對於別人的尊重和感謝或贏得別人的好感，那麼不如用「謝謝」取代「抱歉」。過多沒有意義的道歉，不但對事情無助，更貶低了自己，反之，在職場上，經常主動對人主動表達感謝，能為別人和自己帶來正能量及溫暖，更能有效塑造正面的自我品牌形象。

1　更多關於Yao Xiao的介紹，可參考：https://www.autostraddle.com/author/yaoxiaoart/。

2　〈If you want to say Thank You, don't say Sorry.〉完整漫畫可參考：https://www.autostraddle.com/saturday-morning-cartoons-baopu-15-318590/。

關鍵思維

如果想在國際職場展露頭角，就別一天到晚說「不好意思」，這不但會影響溝通效益、個人形象氣場，而且對於問題並沒有實質的幫助。不如用「謝謝」取代「抱歉」，為自己創造充滿溫暖與正能量的形象。

27／屬下犯錯怎麼正確溝通？用「問」的效果好又不傷情面

「當下屬犯錯，要怎麼給回饋才不會玻璃心碎一地，又能清楚點出問題，達成改善效果？」是令世界各地的許多主管們苦惱的職場溝通挑戰。

問對問題，引導屬下自己找答案

世界氛圍、教養方式等大環境因素，的確造就許多職人們較強的自尊心，也因此讓主管們有「玻璃心」的觀感。個性直接的我，剛開始當主管的那幾年，總是很直白地給年輕同事「這份報告實在太粗糙」、「這樣做很不ＯＫ」、「這整份提案完全沒做出應有的水準，需要整個重做」等很直接的反饋，導致一天到晚有人遞辭呈、團隊士氣低落、效率越來越差等惡果；隨著年齡漸長，慢慢自我檢討、修正，體悟出與其給一個有可能傷到同事自尊心、破壞合作氛圍的負面回饋，還不如拋出像是「有沒有更好的做法？」、「如果有機會再做一次，你會做哪些改變？」、「要怎麼做才能防範同樣的錯誤再發生？」等問題，激勵同事們自己找問題、自己超越自己。

幾年來不斷測試修正，我發現**只要問對問題，給反饋不一定會換來玻璃心，反而有可能激發出隱藏在強大自尊背後的企圖心，帶來卓越的表現與成果**。

該怎麼做？不妨看看以下這個某年聖誕節前夕，我和同事間的真實對話。

某天一進公司的門，感覺和平時有點不一樣。仔細看看，發現一棵葉子稀疏、弱不禁風的聖誕樹，因為快承受不住諸多吊飾的重量，斜斜地靠在旁邊的牆上。

「這棵樹是什麼時候放的？為什麼放在這？」我又好氣又好笑，忍不住問。

聽到我的問題，Emma愣了一下，然後囁囁嚅嚅地說：「這是在公司倉庫找到的聖誕樹和吊飾，您不是說聖誕節快到了，要我們趕快布置一下公司的門面嗎？」

（其實我問問題的時候一點都不兇，我保證）機不可失，我決定來個機會教育，於是問她：「我記得昨天自己有說過這句話，也很謝謝妳們這麼有效率地完成任務，但妳知道為什麼我們要布置嗎？」

Emma不假思索地說：「因為聖誕節快到了，而我們的客戶多半是外商公司，所以希望來這邊的客戶有不一樣的感受？」

我：「沒錯，除了美化公司的門面之外，當然更希望每天在這裡工作的同事們感覺很溫馨，工作起來也開心呀！」

看Emma點頭表示理解，我話鋒一轉接著問：「所以不管對內或對外，把聖誕樹放在門口的目的都是為了讓公司的感受更好對吧？妳覺得這棵瘦弱而且歪歪的樹能達到這個目的嗎？」

Emma搖搖頭：「我們裝到一半就發現這棵聖誕樹和現在的辦公室不太搭，而且歪歪的，但只有這一棵聖誕樹，雖然不理想，我們也只好先把它裝起來……」

賓果！終於等到了我要的答案，於是我告訴她：「妳選擇硬著頭皮把聖誕樹裝起來，是為了快速把事情做完，但對公司來說，這件事真正目的其實不是把聖誕樹裝好，而是讓門面加分，在了解這件事的真正目的後，我相信妳下次會做出不一樣的選擇……」

說真的，我不是那麼在乎聖誕樹長怎樣，只想藉由和 Emma 間的對話點出幾件事：

永遠搞清楚一件事背後真正目的是什麼

就像裝聖誕樹的目的是為了公司門面，許多事情背後隱藏的用意才是關鍵。

在職場上，這樣的例子不勝枚舉。隔壁部門的主管一天到晚找你碴，其實是為了對你的主管施壓、平常明明話很多的人，在會議上保持低調，是為了在客戶面前凸顯主管的領導形象、部門同事對你這個空降主管特別冷漠，除了對於舊主管的「效忠」外，應該也想探一探你有什麼能耐……

凡事在埋頭苦幹、解決問題前，不妨先試著從比較超然的角度看清楚問題的全局，理清楚事情的來龍去脈再著手進行，因為只有在搞清楚事情的真正目的後，才能有效率並精準地把事做好。

既然要做就要做出差異性和質感

許多職人在接到一個例行性任務的直覺反應，就是先了解這件事的前例和始末。這是一個非常正確的選擇，但也提醒大家：**搞清楚一件事過去如何運行是為了超越它，而不是一成不變地照著做**。

面對人生和職場的每一個任務，都要能夠用心思考怎麼做得更好，如果每次做一樣的事時，都能夠想想有沒有不一樣或是更好的做法，相信伴隨著把事情做好的成就感而來的，將是更多人生的樂趣。

畢竟職場經驗是用來豐富我們的人生，而不是浪費它。

要懂得開口問問題和爭取資源

許多年輕的職人在接到一項任務後，即使對於主管的期待一知半解，或是覺得主管的要求和自己擁有的資源完全不成正比，在時間的壓力和主管的權威下，往往會硬著頭皮先把事情做完。

雖然在企業文化、主管個性、公司營運狀況等因素的影響下，你每次開口提意見或要資源不一定都能被欣然接受，但至少在每一次走出舒適圈、一來一往的過程中，你會得到的是獨立思考的能力、和不同對象溝通談判的技巧以及對自己負責的態度。

後記

在我們的短暫討論後，聰明又努力的Emma立馬簡單強化了一下原先瘦弱的樹，再送給大樓裡其他的公司。還跟我申請了一小筆預算，買了棵比較挺拔的聖誕樹，然後用掛飾、彩帶和燈串毫無違和感地妝點出溫馨又帶點華麗的風格，甚至還自己手做了幾個禮物盒放在樹根。

當她在一個小時內就超有成就感地和大家分享自己的最新傑作，我忍不住恭喜她：「看來除了充分掌握上面的三個重點，你把『積極主動』的功夫也學得很好！」

完成機會教育的我，很慶幸自己選擇用問問題的迂迴方式幫助Emma，如果當時一進門就直白地批評那顆聖誕樹「很不體面」，絕對不會得到這麼好的成果。這些年經常和不同市場的年輕職人合作，我學到的一點是——誇獎的話越直白越好，但**當領導者希望給予有建設性的批評，並且幫助同事成長，迅速地把話說完，或把人罵一頓不見得能得到最好的溝通效果；透過問問題這種「繞遠路」的方式，才有機會引導團隊們自己找答案，並且在態度和習慣上也能帶來長久的改變。**

關鍵思維

在管理技巧中，學習與部屬溝通是每個主管都要面臨的考驗。有時候，一句無心的話語或是錯誤的回應方式，都會讓部屬感到疑惑甚至覺得不被重視。當部屬犯錯時，不妨回頭思考溝通的目的是為了提出建議還是一味責罵？

28／活出品牌力，和年輕職人溝通更省力

「誰可以跟我們分享一下自己和二、三十歲年輕職人溝通的心得？」

某次受邀到扶輪社做「如何和新世代職人共創雙贏」專題演講，我習慣性的在進入正題前對現場多數是四、五十歲企業主或資深主管的朋友們丟個問題，本來還有點擔心相對熟齡的聽眾可能比較矜持，沒想到問題才剛出口，就有好幾個人此起彼落地提出觀察和痛點：「很有創意，但缺乏執行力」、「玻璃心、不太能接受別人的意見，所以跟他們說話要小心翼翼」、「自我感覺很良好，沒把主管放在眼裡」、「很有理想，關心公司的遠景、很急著發揮影響力，但有時候顯得眼高手低」……

看到大家意猶未盡，似乎對這個主題很有感觸，我接著問：「你們覺得要怎麼面對上述的挑戰，和職場新生代們更順利地溝通？」接下來的五分鐘，包括「打造

透明的溝通文化」、「設計更吸引人的獎勵制度」、「建立公平與尊重的企業價值觀」等等很棒的做法，分別被提出來，等到大家的發言告一段落，目光回到我身上，想聽聽我覺得哪幾個做法比較有效，我卻丟出了大家剛才沒有想到的方向：「大家說得都很有道理，但我認為和年輕職人們溝通最重要而且應該先做好的，就是企業、主管，或領導者應該要先打造好自己的品牌力。」看到大家驚訝的眼神，於是我延伸說明了為什麼「品牌力很重要」：

增加魅力和存在感，吸引更多優秀的年輕職人follow

公關是個平均年齡很輕的行業，長期在這樣的行業讓我對年輕職人多了一些洞察。就拿求職面談的經驗為例，十幾年前來面試的年輕人最關注的多半是自己的工作內容、公司的薪資福利、以及自己能得到哪些資源，未來可能會有什麼樣的發展，這類以本身權益為出發點的考量，近幾年來，除了上面這些問題外，更多人想了解的會是公司未來的發展方向、長遠的目標……這類更大格局的問題，說明了現在的年輕人，習慣以更宏觀的角度思考自己的職涯發展，所以公司或領導者除了專注於本身的產品或自己的專業，也應該熱衷於溝通企業更長遠的目標、信仰、對於社會或是世界的貢獻等更宏觀的議題，才能夠為自己增加魅力與存在感，在第一時間，吸引有使命感的年輕職人們的追隨。

打造品牌力，為自己建立有利的溝通態勢

另一方面，隨著數位媒體、社群平台的發達，不管是求職者或員工，只要願意都能詳盡研究所有官方和非官方的資訊，對企業、經理人或領導者形成觀點，因此對現今的企業或領導者來說，創造正面的口碑和聲量、樹立公司或個人的品牌力，不再只是一個生意上的Nice-to-have（好處），而是為自己搭建一個有力溝通態勢的必要存在，讓自己更容易贏得同事尊重，讓更多人願意聽你說話。

讓自己的理念被聽見，吸引到「對的人」

許多在國際職場上叱吒多年的領導者都相當認同這一點，而且很積極地經營

自己和公司的品牌力，例如我有位擔任跨國科技公司全球傳播主管的朋友，除了自己的「本業」外，還很積極的出書、演講、接受採訪，甚至很有紀律的定期在LinkedIn上發文，我忍不住問他：「為什麼你明明很忙，仍然決定抽出時間做看起來不急的事？」他的答案說明了許多國際級領導者重視品牌力的原因：「把公司和自己的品牌經營好，讓我溝通時更有底氣，而常常公開分享自己的理念，讓我更有機會吸引到『對的人』共事，所以投資這些時間的ROI（投資報酬率）很高，因為它讓我的工作更有效率，團隊的溝通更到位、默契更好！」

看到我的分享終於告了一個段落，幾位朋友很有默契地提出一個關鍵問題：「我們並不是國際大公司，我自己也不是名人，這樣還能打造品牌嗎？要怎麼吸引、留住優秀的年輕人？」

相信許多創業者或是職場上的領導者都有相同的疑問，但我不認為需要太擔心，原因是近幾年來，我在幾個市場都觀察到，相較於一、二十年前普遍存在的「大品牌就是好品牌」的求職觀念，現在的年輕人中，一味盲目追隨名牌的人少了，卻有越來越多人願意花時間了解一個品牌或一個人的故事，選擇自己認同的品牌，成為鐵粉。

換句話說，一個有品牌力的公司未必是國際大廠，一位有品牌力的領導者，未必是經常上電視的名人，不管企業或是領導者，都能透過獨有的價值觀、信仰、哲學、文化、態度、堅持打造自己的差異化及格局，讓年輕人覺得是個值得加入的品牌、值得貢獻所學的公司、值得追隨的人。

關鍵思維

和新世代職人溝通是許多主管的挑戰，但相信如果能掌握以下三點，和年輕職人溝通一定會事半功倍：

1. 為自己增加魅力和存在感，吸引更多優秀的年輕職人follow；
2. 打造品牌力，為自己建立一個比較有利的溝通態勢；
3. 讓自己的理念被聽見，吸引到「對的人」。

29／在數位時代打造專業形象的Don'ts和Dos

還記得上次跟客戶或同事通電話是什麼時候？或者你更習慣用LINE或Skype做工作上的日常溝通？你的臉友中有多少比例是客戶、同事、合作單位等透過工作認識的朋友？數位社群時代來臨，為職人們帶來了許多便利，同時也模糊了生活和工作的界線，更讓數位時代的國際職人們多了溝通和打造專業形象的工具。

如何在數位時代，有效溝通及打造自己的專業形象？我認為有兩件千萬要避免的事（Don'ts）和兩件可以盡量多做的事（Dos）：

應該千萬避免的事（Don'ts）之一：因為用LINE溝通感覺很隨性，就失了分寸

主管：「這次的文件錯字滿多的，下次麻煩注意。」

同事：「嗯。」

主管：「另外，明天的活動現場麻煩你再提醒客戶幾個活動的重點。」

同事：「喔。」

主管：「除了剛才會議上所提到的那些地方，明天的活動還有其他需要支援的地方嗎？」

同事：「（過了許久之後）沒。」

上述的對話如果是出現在主管和員工日常當面對談的場景，多數人應該會覺得那位員工不是超級白目，就是準備要離職了吧！但把同樣的對話搬上通訊軟體就比較可以接受嗎？

完全不！隨著通訊軟體的普及，具備一定規模的公司，多數透過Skype、LINE、WeChat等通訊軟體作為內部溝通的工具。這類通訊軟體或許會帶給職人們

相對隨性的感覺，但別忘了，**職場是展現專業的舞台，不論資深程度、和對話者的交情、是否忙碌，都應該謹慎以對，並表現出對對方的尊重**。

「理解，但是我很忙沒辦法長篇大論回答這些小問題呀！」專業與尊重，和回覆的篇幅無關，例如同樣是超短的回覆「OK」、「Noted」、「好」、「了解」就比聽起來很不明確且帶著不甘願氛圍的「嗯」、「喔」好太多。

另外，別忘了經常說「謝謝」，用多打兩個字的一秒鐘，換得專業的形象和別人的尊重，非常值得。

在台灣，許多職人用即時通訊APP跟客戶或是同事溝通時，習慣每打幾個字，就搭配一個可愛的貼圖，營造輕鬆的氣氛；反之，多數我所共事的國際職人，比較習慣以「純文字」溝通和工作有關的事，保持簡單專業的風格。當然，溝通風格會依照對象的個性、溝通主題、產業等因素隨時調整，但我建議像貼圖、emoji符號性質的元素，適度使用即可，才能在溝通時保持專業、成熟的形象。

應該千萬避免的事（Don'ts）之二：一天到晚發抱怨文

社群媒體是許多職人分享生活、抒發心情的管道，因此許多人習慣在社群媒體分享職場上的委屈、批評身邊的「小人」、說出在辦公室不方便大聲抒發的心情。

例如我的朋友Helen對於自己的直屬主管，已經到了深惡痛絕的程度，因此在她自己的臉書上設了個「＃無良老闆」的hashtag，每隔幾天就在自己的臉書公布老闆種種令人「嘆為觀止」的行為並發洩情緒。由於說出許多人的心聲，臉友們紛紛叫好，在貼文底下熱烈的回應。

Helen之所以敢大膽的這麼做，是因為看準了老闆和同事都不是臉友，生活圈也不同，自己平常也很小心的將臉友做不同的分類，所以不管罵得多麼直白，絕對不會傳到老闆耳裡。

她的心聲果然沒傳老闆耳裡，卻傳到不少意想不到的人耳裡。

過一陣子，市場上開出了條件和資歷要求都很符合Helen的職缺，許多headhunter（獵人頭）到處打聽合適的人選，Helen卻始終不在推薦名單內。

原因是「她經常在臉書上抱怨老闆和公司政策，似乎EQ和抗壓力都不行」，沒人知道為什麼這樣私密的抱怨文會傳到人力仲介公司耳裡，但他們就是知道，而這也讓Helen失去爭取新工作（或是逃離自己討厭的工作）的好機會。

許多公司在做資深人員的聘僱或升遷的評估時，會多方面了解被評估的對象是個怎麼樣的人，尤其當我們的目標是前進國際職場，「是否可以和自己意見不同的人好好合作」、「是否有化逆境為轉機、化挫折為能量的扭轉力」、「是否能夠散佈正能量、激勵身邊的人變成更好的自己」等條件將更加受重視。**一天到晚在社群媒體上抱怨，或許能得到短暫的抒發，但是對長期專業形象的建立，卻像是在全世界面前扯自己後腿。**

可以盡量多做的事（Dos）之一：積極建立弱連結，拓展視野

根據《超級關係：弱連結法則所爆發的強大社群力量》（*Superconnect: Harnessing the Power of Networks and the Strength of Weak Links*）作者指出：「弱連

結將帶來寶貴的知識、機會與創新，而一般人倚賴最深的強連結反而是往前邁進的阻礙。」這裡所指的「弱連結」，是透過他人認識的朋友、很久沒聯絡的同學、遠房親戚、參加同一個讀書會，但不常對話的點頭之交等二、三度連結。而「強連結」所指的則是，家人、男女朋友、朝夕相處的同事等在我們身邊非常熟悉的人們。相較於和「強連結」的相處多半像是在「同溫層」裡互相取暖，與「弱連結」的互動和關係，反而能為我們帶來新的機會和視野。

在過去，想創造「弱連結」需要積極地尋找、參與不同的社交團體，並想辦法透過發言或互動來刷存在感，這對個性內向的人其實頗為吃力。在數位時代，像是LinkedIn、臉書、微博這類的社群媒體，則能夠把建立「弱連結」的門檻降低，跨越時間、地域、體力、個性等限制，幫助我們很有效率地與人連結，並有系統地管理、維繫與弱連結們的關係。

但是，當我們很積極地在網路上找出自己想認識的人，並與之建立連結後，要如何讓自己持續「被看見」、讓別人產生和我們維繫關係的動機？我認為關鍵是多多在社群媒體發表自己的觀點，並積極地與想建立連結的對象互動，在下一點我將有更進一步的說明。

可以盡量多做的事（Dos）之二：

多發表觀點，善用三C原則，讓社群媒體變成表現自己的舞台

Jeremy是我在一家國際傳播集團擔任大中華區數位總監時掌管全球社群媒體業務開發的主管，他最讓我佩服的一點是，總能在訓練下屬、服務客戶的忙碌公關人生中抽出時間做「重要卻不緊急的事」，例如，不論多忙，他一定會抽出時間在社群媒體上和網友們做有意義的互動，也很有紀律地針對社群媒體和數位行銷，定期發表部落格文章或影片。對他來說，上述的習慣，不但能為公司帶來不少潛在機會，更是打造個人在相關領域意見領袖的形象、提高能見度的Must-to-have（必需品）。

像Jeremy這樣的人很聰明地掌握住數位時代職人的新契機，在這個時代，只要清楚的策略加上紀律和執行力，不需要出國，就能盡情發表自己的觀點，不需要昂貴的投資，就有被世界看見的機會。

除了曬美照、分享生活點滴外，如果你跟我一樣和多數的事業夥伴都是社群媒體上的朋友，那不如選擇合適的社群平台，並且適度的「置入」有助於打造專業形

象的內容。

例如，如果你是金融從業人員，不妨針對國際情勢和總體經濟發表些個人的看法；如果妳是心理諮商師，不如用說故事的方式，聊聊原生家庭對於一個人的影響；如果你是形象顧問，輕鬆地分析國際知名人物的整體造型，或許是件有趣又有含金量的事。

要怎麼讓更多人有興趣聽你說話，增加自己被看見的機會？在這裡分享一個簡單的三C理論。建議大家開始在社群媒體上經營自我品牌前，先針對內容（Content）、對象（Contact）、平台（Channel）這三個C對自己提出一連串的問題，例如：

內容（Content）	我想談些什麼？我的溝通對象喜歡聽什麼？
對象（Contact）	我想和哪些人建立關係？他們使用什麼樣的語言、他們對哪些話題特別有興趣？熟悉什麼樣的溝通風格？
平台（Channel）	我的內容和溝通風格適合什麼社群平台？我的溝通對象在哪幾個平台最活躍？

相信掌握好三C的原則，一定能幫助有志於前進國際職場的你，更精準的建立連結、展現自己。

關鍵思維

如何在數位時代，有效溝通及打造自己的專業形象？有兩件千萬要避免的事（Don'ts）和兩件可以盡量多做的事（Dos）：

應該千萬避免的事（Don'ts）：

1. 因為用LINE溝通感覺很隨性，就失了分寸；
2. 一天到晚、毫無保留的發抱怨文。

可以盡量多做的事（Dos）

1. 積極建立弱連結，拓展視野；
2. 多發表觀點，善用三C原則，讓社群媒體變成表現自己的舞台。

30／領導者在關鍵時刻要有被討厭的勇氣

主管：「再過幾天就提案了，趕快安排一個con-call（電話會議），讓各個市場的代表今天下午再rehearsal（彩排）一次！」

看到我一臉難色、欲言又止的表情，主管又補上一句：「快去發email呀！還站著做什麼？」

「可是他們都是各個市場的大頭，應該很忙吧？而且這已經是本週第三次rehearsal了，他們應該會覺得我們很煩吧……」面對主管的催促，我終於忍不住提出了這陣子以來的糾結。

剛加入這家外商集團不久，就被指派負責跨市場合作的大比稿的我，剛開始很興奮地接下這個任務，畢竟並不是每個人都有機會和各個市場的主管直接合作，觀察、學習每個人的工作方式，所以被指派這樣的工作，完全是對於協調、溝通能力的肯定，等到真正投入任務，卻發現這真是個吃力不討好的苦差事。

光是約個會議時間，就要協調十來位區域及不同市場主管的時間，更別提送案截止時間在即，我每天都在苦追各個市場的「作業」，並且處理不同的質疑和要求，例如：只要提議彩排，就一定會被質疑：「真的需要再彩排一次嗎？我們這週已經彩排兩次了！」(Is it really necessary? We have already rehearsed twice this week!)、只要請大家交東西過來，就一定會收到「可以晚點交嗎？這個星期我們既定的活動超多的！」(May we have more time? It's a heavy week for us!) 這類的要求，雖然有固定的格式，但每個市場交過來的東西，卻總是長得不一樣，所以團隊還得花時間整理格式，並且「追殺」不同的人，請他們補齊欠缺的資料……每天我都絞盡腦汁、疲於奔命地讓大家開心地和我們配合。

聽完我的求救，主管繃著一張臉，面無表情地說：「我看你搞錯重點了吧！你在這件事上的任務是確保把事情做好、贏得比稿，而不是和大家變閨蜜！」她一邊翻白眼，一邊傳了幾個訊息，又和我一起打了幾通電話，然後當天下午，那些平常說自己很忙的人竟然都奇蹟似的準時出現了，而多年後每當大家聚會時聊起當年那次比稿，沒有什麼人記得工作有多趕、有多瑣碎，彩排了幾次，每個人卻都覺得大家一起贏得比稿的感覺很好。

上面那段故事為我的公關人生帶來很大的震撼教育，從小在台灣長大，被教導待人處世要「溫、良、恭、儉、讓」以及「人和」很重要的我，卻發現以下的處事態度，在國際職場才吃得開：

說話要有力、態度要自信

不怕被人討厭才成得了事：經常把「你要不要」、「不好意思」、「我猜想」、「或許」掛在嘴邊，或許出發點是禮貌，卻容易在跨文化溝通時釋放出「我也不是很確定」、「我很弱」、「我地位很低微」的錯誤訊息。不如多使用「我建議」、「我認為」、「我知道」等等有力的詞句，面對來自四面八分的國際職人，從容展現自信的態度和篤定的氣場，打下在國際職場站穩腳步的基礎。

用字直白精準，溝通起來才省力

剛開始負責需要跨市場整合的任務時，為了表現對大家的尊重，通常會給一個相對模糊的交件時間，例如：「如果大家能在週二下班前把各自負責的部分交給我會很棒。」(It would be great if you can provide your part of inputs by COB Tuesday.) 幾次運作下來，結果慘不忍睹，因為我沒有考慮到每個市場有時差、每個人對於「下班前」的定義不一樣、以及有些人看到這樣的句子會覺得晚交一點也沒關係。幾次教訓下來，學會了精準、不留模糊地帶的溝通方式：「請在台北時間晚上六點前，把各自負責的部分提交給我。」(Please provide your part by 6:00 PM Taipei time.)

不怕被討厭，才做得了大事

在提案的初始階段，大家經常會一起進行策略發想，剛開始，面對主管們創意十足，卻不一定適合每個市場的想法，我總是因為與生俱來的鄉愿個性，而禮貌地回答「聽起來很不賴」，或是「可以試試看喔」；幾次下來，卻發現自己第一時間的「不說No」往往造成了團隊不必要的時間付出，或是整體表現不夠突出。抽絲剝繭地分析自己為什麼老是不敢說真話，發現自己就是怕「得罪人」、「被討厭」。

事實上類似的狀況，在職場上非常普遍，例如：「明明下屬表現不OK應該跟他反應，卻因為怕收到辭呈，只好自己默默cover他」、「明明應該嚴格地督促大家準時完成自己負責的工作，卻因為怕大家不高興，斟酌再三，遲遲不敢開口」……上述職場上常見的狀況都是因為，忘記了自己做這件事的初衷，當主管的初衷是為了幫助下屬成長，而不是當他的朋友、比稿的目的就是為了要贏得案子、而不是得到最佳人緣獎，而領導者如果有這樣的問題，將導致挫折又疲乏的自己、停滯的團隊以及平庸的表現。

過去一連串的失敗經驗，讓我學到，**一個好的領導者要能夠把團隊共同的成就看得比個人的表面形象重，以及「即使被討厭也要把一件事做好做滿的決心」。**

關係的培養在平時不在「戰時」

雖然要有「被討厭的勇氣」才能把事做好，但更理想的狀況當然是「把事做好，又不被討厭」。要怎樣達成這樣的境界？從我身邊眾多優秀的資深職人們身上，我學習到的是，在辦公室中風平浪靜的「平時」除了搞定自己的分內工作外，也不妨和不同部門、不同分公司、不同市場的人培養關係和默契，即便是利用出差時為之前通過電話的其他分公司同事帶份伴手禮、在辦公室多走動，面對面而不只是透過email和電話溝通、自願參加如福委會、跨市場專案等自己工作範圍之外的任務這類小事，都將一點一滴的累積成「戰時」緊急動員的善意支持和資源。

關鍵思維

說話有力、態度自信、用字直接精準，在「戰時」要有就算被討厭也要把事做好做滿的決心，平時則要培養關係，累積資源。

big 316

為什麼我很努力，卻沒被看見？：

30堂國際溝通課，打造你的職場能見力

作　　者—浦孟涵（Shannon Pu）
主　　編—陳家仁
企劃編輯—李雅蓁
校　　對—浦孟涵、李雅蓁
封面設計—FE設計
內頁完稿—藍天圖物宣字社
企劃副理—陳秋雯

第一編輯部總監—蘇清霖
董 事 長—趙政岷
出 版 者—時報文化出版企業股份有限公司
10803台北市和平西路三段240號7樓
發行專線—（02）2306-6842
讀者服務專線—0800-231-705（02）2304-7103
讀者服務傳真—（02）2304-6858
郵撥—19344724時報文化出版公司
信箱—10899台北華江橋郵局第99信箱
時報悅讀網—http://www.readingtimes.com.tw
法律顧問—理律法律事務所 陳長文律師、李念祖律師
印　　刷—勁達印刷有限公司
初版一刷—2020年1月10日
定　　價—新台幣320元
（缺頁或破損的書，請寄回更換）

時報文化出版公司成立於一九七五年，並於一九九九年股票上櫃公開發行，
於二〇〇八年脫離中時集團非屬旺中，以「尊重智慧與創意的文化事業」為信念。

為什麼我很努力，卻沒被看見?：30堂國際溝通課，打造你的職場能見力／
浦孟涵（Shannon Pu）著. -- 初版. -- 臺北市：時報文化，2020.01
232面；14.8×21公分. --（big；316）
ISBN 978-957-13-8029-2（平裝）
1. 職場成功法　2. 溝通技巧
494.35　　108019091

ISBN　978-957-13-8029-2
Printed in Taiwan